從績效陷阱到勝任力模型，
建立看得見的選才機制

領導力 不靠直覺
升遷決策中的高風險

會做事 ≠ 會帶人

心目中的完美領導，不過是一種自我感覺良好？
被提拔上來的「績優生」，可能正是團隊崩壞的根源！

藍迪 著

目 錄

序章
不是天生領導者，而是每天選擇去領導的人　　005

第一章
領導為什麼難：先理解人，才談得上帶人　　009

第二章
領導的全像圖：影響力如何形成　　053

第三章
領導力可以測：不是只能靠直覺　　091

第四章
勝任力地圖：真正帶得動人的能力長什麼樣　　135

第五章
領導是陪跑：培養而不是取代　　171

第六章
領導要看人也看系統：別再用「人好」來決定升遷　207

第七章
領導的跨文化挑戰：帶人，不只是看語言　243

第八章
領導者的心理功課：穩定自己，才穩定團隊　277

序章
不是天生領導者，
而是每天選擇去領導的人

◎領導，不再只是職稱，而是日常的選擇

在過去，我們談論領導時，容易聯想到那些在會議室中央主導發言、在關鍵時刻拍板定案、在高壓環境下挺身而出的少數人。他們往往擁有高位、有權指揮、有資源整合能力，看似與一般職場人遙不可及。但時代已變，現在的領導，早已不再局限於職稱或頭銜，而是一種每天都能做出的行動選擇。你怎麼帶一場討論、回應一個意見、處理一場衝突、設計一段工作流程，這些微小的日常，才是現代領導力真正的起點。

本書寫給的，正是這些正在現場、帶著責任卻不總是確定方向的人。你不一定有權力指揮所有人，也不一定天生擅長激勵氣氛，但你一定有機會在自己的職位上，影響身邊的同事、引導團隊的文化、形塑彼此的合作關係。而這些，都可以透過練習、修正與內化，逐步建構出屬於你自己的領導力。

序章　不是天生領導者，而是每天選擇去領導的人

◎領導的核心不是做對，而是懂得修正

多數人對於「領導力」有一種誤解，以為它是一套明確、固定的標準，彷彿照著書上的五步驟走，就能變成好的主管。然而現實世界比理論複雜得多。你面對的部屬個性各異，任務與資源隨時變動，甚至組織本身也處在混沌與重構中。沒有任何一種領導模型可以完美套用，也沒有一位領導者從不犯錯。

但正因如此，我們更需要重新理解：好的領導力不是不犯錯，而是願意面對錯、修正錯、從錯中學。領導不是做對，而是願意不斷問自己「我還能更好嗎？」這個態度，才是領導修練最重要的起點。

從這個角度來看，領導力不應被理解為一種身分轉換（例如從專員升為主管），而是一種認知轉換：我開始理解，我的選擇會影響他人，我的情緒會感染氣氛，我的行為會定義團隊的文化。這種覺知感，才是讓人真正進入領導角色的第一步。

◎領導，是一門系統的學習，不是天分的發揮

在本書撰寫過程中，我們大量參考了臺灣職場中不同產業、不同年資、不同職級的領導經驗。你會發現，沒有一位成功的領導者是「天生就懂」，他們都經歷過「走錯、調整、再試一次」的迴圈。從以為靠說理就能讓人信服，到後來學

會設計舞臺讓他人自己說服自己;從過度干預細節到學會信任與放手;從只在意表現的人升遷,到開始觀察一個人是否能帶動整體;這些轉變,都是透過實踐中反覆摸索出來的領導修練。

本書將領導視為一門可以系統化學習的功課,因此不僅有策略層次的架構,也有行為層次的建議。我們關注的不只是「知道什麼」,而是「做什麼」、「怎麼做」、「為什麼要這樣做」,並且從每一章節都帶出一個關鍵訊息:領導不只是責任,更是一種能力的養成歷程。

我們以陪跑者視角切入,談如何用教練式引導取代命令式指示;以系統設計角度,談用人選才不該只看「人好不好」;以跨文化對照,談如何在不同背景中保有尊重而不失焦;也以心理安全為基底,談團隊運作的穩定關鍵不是制度,而是情緒與信任的承接能力。

這些內容,不是理論說明,而是實戰中萃取出的行動策略。每一章都有可實踐的方法與反思引導,幫助你在帶領他人時,也同時鍛鍊自己。

◎領導力,不在高處,而在每一個選擇裡

許多人會在成為主管後才驚覺:「原來領導這麼難。」因為你不只是要做事,還要照顧關係、處理誤解、調節衝突、設計文化。領導不是站在前方指方向,而是與團隊並肩走在

序章　不是天生領導者，而是每天選擇去領導的人

未知中，幫助他們看清路、看見自己、也看見彼此。

也因此，真正的領導從不是「上對下」，而是「我怎麼與身邊的人共同創造秩序、能量與行動」。這不在職稱，而在意圖；不在外顯，而在細節。當你願意開始多聽一點、多問一點、多思考後果一點，你就已經在實踐領導力了。

我們不需要等待有了更多資源、有了完美團隊或有了肯定頭銜，才開始學習領導。真正的領導，是在混亂中願意站出來提案、在失誤後願意承認與修正、在焦慮時願意穩住自己並陪伴他人。這些行為，才是領導真正的本質。

◎領導，是一場內在與外在的同步修練

領導的修練從來不只是對外的影響技術，更是一種內在成熟的旅程。你怎麼管理自己的情緒？你是否願意承認自己的盲點？你是否能在高壓下仍維持尊重與界線？這些自我調節的能力，會直接形塑你與團隊的關係。

領導，是每天回頭看自己、調整自己、也期待自己能讓身邊的人更好。這是一場沒有畢業證書的修練，但正因如此，它才值得每一位願意負責任的人投入其中。

這本書，寫給所有每天都在做出影響他人選擇的你。你也許還不覺得自己是領導者，但其實，從你開始願意在混亂中給人方向、在模糊中提出假設、在對話中拉近距離的那一刻起，你就已經是了。

第一章

領導為什麼難：
先理解人，才談得上帶人

第一章　領導為什麼難：先理解人，才談得上帶人

第一節　領導不是頭銜，是影響力

看起來像主管，不代表就能領導

在職場上，許多人對「領導者」的想像，往往與職稱畫上等號。主管、經理、總監，這些頭銜彷彿天然就有讓人服從的魔力。然而，實際運作中我們卻常看到，有些高階職位的人說話沒人理、開會無人回應，反倒是某些基層同仁，只要一句話就能讓大家行動起來。這背後真正的區別，不在於權力大小，而在於「影響力」。

心理學家隆納·E·里喬（Ronald E. Riggio）曾指出，領導是一種影響他人想法、情緒與行為的過程，而不是一個地位或角色。也就是說，真正的領導力來自於一個人是否能說服他人、激發動力、促成改變，而不是來自職稱或權限。在這樣的觀點下，我們需要重新思考一個問題：什麼才是「會領導」？

其實，會領導的人通常有三個明顯特質：第一，他能看見別人的需要，並主動調整說話與行動；第二，他在團隊中能創造信任感，讓人願意追隨；第三，他不依賴職權壓力，而是透過理解與影響達成目標。這樣的特質不會隨職等而生，而是需要經驗、覺察與不斷練習。真正的領導力，是從影響一個人開始，然後才能擴展到帶動整個團隊。

影響力的來源，不是命令，是信任

要理解「影響力」的本質，我們可以回顧一個常見的工作場景：當一位資深主管走進會議室，他開口發表意見時，全場一片沉默，但大家的表情卻是冷淡的；而另一位資深同仁，沒有職稱，卻在適當時機提出觀點，立刻獲得多數認同。這就說明，頭銜雖能帶來短暫的順從，但真正讓人願意跟隨的，是信任感與尊重感。

信任怎麼來？不是一朝一夕建立的，而是在日常互動中逐漸累積的結果。根據美國領導力研究中心（Center for Creative Leadership）的研究指出，領導者若能展現一致性、傾聽意願與公平態度，將大幅提升團隊對他的信任度。而這種信任，才是影響力的起點。

信任也意味著人們相信這個領導者在做決定時會考慮整體利益，不會只看自己方便；在出錯時不會推責，而會承擔責任；在對話中願意聽不同意見，而不是一味主導。這些特質，並不來自任何管理課程或晉升制度，而是來自一種人際智慧（interpersonal intelligence）與情境感知力（situational awareness）。

當信任感建立起來，即使沒有硬性命令，人們也會願意配合行動。因為這樣的領導不是發號施令，而是站在前面示範、在旁邊支持、在背後接住。這才是影響力真正發生的場域，也是真正領導力的展現方式。

第一章　領導為什麼難：先理解人，才談得上帶人

被跟隨的不是你的人，而是你創造的方向

一位有影響力的領導者，往往不是因為他自身多麼耀眼，而是他能指出一條有意義的路，並讓大家相信值得走下去。領導的核心，在於賦予行動一個讓人願意投入的理由。這聽起來抽象，但其實正是組織裡最需要的那種人：能幫大家找到方向、賦予任務價值、串起人與人之間的關聯。

讓我們用一個臺灣在地案例說明。一間新創社會企業的創辦人，並非科班出身，也沒任何知名背景，但他用自己過往的創傷經驗設計出一套幫助青少年重拾信心的陪伴系統。初期沒有資金，也沒人脈，卻吸引了一群願意義務投入的夥伴加入。因為他讓大家看見：「這不只是工作，是一種意義。」這份信念就是影響力。

這也說明了，方向感是領導力的核心元素之一。當一個人不只關心自己表現，而是能描繪出一個願景、連結個體的努力與整體的價值時，就會產生強大的凝聚力。這種力量超越制度，也不靠績效獎金，它來自一種共同參與的渴望，而這正是當代領導最該追求的影響力來源。

權力結構裡不一定有領導者，影響力網絡才有

傳統企業中，我們習慣從組織圖判斷誰是「領導者」：主管是誰、誰在上層、誰有簽核權限。但這樣的權力架構，

常常無法反映真正的影響力流動。管理學家亨利・明茲伯格（Henry Mintzberg）就指出，企業內真正的「非正式領導網絡」，才是驅動改變的核心。

什麼是非正式領導？就是那些即使沒有頭銜，卻能影響討論方向、協助團隊決策、穩定氣氛、串聯資源的人。他們可能是資深工程師、資深客服，或某個會主動聯絡不同部門的專案助理。他們不一定出現在開會名單上，卻往往能促成協作、化解衝突，甚至在新制度推行時扮演關鍵說服角色。

從這點來看，影響力更像一種流動，而非地位。好的領導者要懂得辨識這些非正式影響者，並將他們納入決策與規劃當中。也要學習建立自己的影響網絡，透過傾聽、互信、共享資訊來串接不同群體，讓自己成為連結者，而非統治者。

領導的起點，是看見自己的影響力邊界

最後，我們回到個人。無論你是否身處主管職位，都可以成為有影響力的人。問題在於：你是否意識到自己正在影響別人？你是否知道你的情緒、語氣、回應方式會帶動一群人的狀態？

要提升領導力的第一步，不是學習技巧，而是察覺自己在哪些時刻有機會產生影響。從小事做起：你在回應部屬問

第一章　領導為什麼難：先理解人，才談得上帶人

題時，是只是下指令，還是讓他感覺被理解？你在回報工作進度時，是為自己邀功，還是強調團隊成果？你面對壓力時，是壓人，還是穩人？這些選擇，形塑了你在別人心中的樣貌，也決定了你未來能走到哪裡。

從心理學角度來說，領導力本質上是一種社會影響行為（social influence behavior），而每個人都有能力發展這種行為。只要你開始觀察自己的行動是否具備一致性、可預測性、支持性與激勵性，那麼你就正在成為一位真正的領導者。

所以別再問「我有沒有資格領導」，應該問「我想成為怎樣的影響者」。因為領導不是頭銜，而是你每天做出的選擇與對他人的影響。

第二節　為什麼我們難以判斷人才？

看起來有能力，不代表能領導

很多主管在選擇接班人或提拔部屬時，最常犯的錯誤之一就是「看表現決定升遷」。表面上的績效、工作效率或業務數字，雖然看似能直接證明一個人能力，但這些數據背後常常藏著更多沒有被發現的問題。像是，有些人非常擅長個人工作，但卻完全無法與人協作；有些人表現突出，但背後靠的是獨攬資源或破壞同儕的信任基礎。

管理學家勞倫斯·彼得（Laurence Peter）曾提出：「每一個人都會被升到他無法勝任的位置。」這句話背後的警示，就是企業太常只看當下的表現，而忽略了「是否具備下一階段的領導能力」。領導與執行，所需要的心態與能力完全不同。一個好的執行者，不一定能變成好的帶領者。這種能力的錯位，會在升遷後迅速浮現，並帶來整體績效的下降。

這說明了，主管在選人時不能只看數字表現，還要觀察其是否具備協調力、同理心、自我反思與激勵他人的能力。因為升遷的本質不是獎賞，而是一種責任交接；不是給他肯定，而是讓他扛住更多人的命運。因此，在判斷人才時，要能看出他是否已經從「只看自己」的狀態，進展到「開始為他人設想」的視角。

第一章　領導為什麼難：先理解人，才談得上帶人

職場的潛能，常被外在表現掩蓋

許多主管在觀察部屬時，常常只看到那些「最會說話」或「最會表現」的人，而忽略了安靜但腳踏實地、行動慢卻穩定的人。這種偏差會導致真正有潛力的成員被忽略，甚至讓團隊流失長遠競爭力。這現象在心理學上稱為「可得性偏誤」（availability bias），也就是我們會高估那些容易被我們記住或注意到的資訊，而忽略那些較不引人注目、但實質上更重要的訊號。

真正的潛力，往往不是靠外在光芒吸引人，而是在長時間的觀察中，展現出穩定的責任感、自主解決問題的態度，以及能夠在不確定環境中自我學習的能力。這些特質往往無法在會議上立刻看出，而是在工作現場、跨部門協作時才會被觀察到。

一位臺灣科技公司的部門主管就曾分享，他曾經被一位總是默默做事、不爭功的工程師驚豔。在一次產品危機時，其他人紛紛自保，而這位工程師卻主動跳出來統整資訊、協調溝通，最終幫團隊穩住情勢。事後主管才發現，他原來一直具備極高的領導潛能，只是平常不顯山不露水。這也提醒我們，領導力不是舞臺表現，而是在關鍵時刻是否願意扛起責任的勇氣與行動。

看對人，得靠立體視角

許多組織在評估人才時，往往只靠一次性面談、年度考績或主管主觀印象做決定，這樣的方式其實風險極高。因為人是情境性很強的動物，同一個人在不同部門、不同主管底下的表現可能完全不同。我們需要的，是一種「立體觀察」的方式，也就是從不同面向、多個時間點、不同對象交叉印證，才能看清一個人的真實樣貌。

這樣的評估可以從以下幾個角度進行：

- 行為觀察：觀察對方在壓力下是否仍保持冷靜與判斷力；
- 團隊互動：了解同儕是否樂於與他合作，是否具備信任基礎；
- 自我意識：觀察他是否願意聽取回饋、修正行為；
- 成長軌跡：長期是否呈現穩定進步或只是短期衝刺；
- 價值觀對齊：是否與組織文化相契合，願意共同承擔責任。

這些面向不會在履歷上寫明，也不會從單一評分看出，而需要透過持續觀察、對話與回饋建立。也因此，主管本身也要具備察人與聽人的能力，才能從線索中拼出全貌，而不是被表象所蒙蔽。

第一章　領導為什麼難：先理解人，才談得上帶人

提拔不是獎賞，而是考驗

組織常有一種迷思，認為「表現好就該升遷」，於是將升遷當作對過去努力的回饋。但其實，領導職位不該是獎賞，而是一個人願不願意承擔他人責任、願不願意為別人的成長負責的試煉。也就是說，提拔一個人上來，不是要讓他更輕鬆，而是賦予他更多壓力與影響力的責任。

如果我們把升遷當成獎賞，就容易忽略那個人是否已準備好；但若把它視為試煉，我們會更謹慎、更務實，也更願意給予必要的培養與試煉機會。許多高績效者之所以升上去卻適應不良，正是因為他們沒有歷經領導者的預備訓練，只是在原本職位上表現出色，卻沒有從心理上完成角色轉換。

企業可參考「領導潛能試煉計畫」，在實際升遷前，設計模擬情境、臨時領導任務、小型專案負責人等方式，先讓潛力人才經歷壓力情境與跨部門協作，再來檢視其適應度與彈性，這樣才能真正降低升錯人的風險。

好的選才，是一場長期觀察與共同磨合

選對人不是靠一次面談、一份報告或一場表現，而是靠時間與制度的累積。好的組織會在制度中設計出「看得出潛力」的機制，而不是只靠直覺與印象。這種機制可以是人才輪調、跨部門合作計畫、教練制度、回饋文化，這些都能讓

第二節　為什麼我們難以判斷人才？

真正有潛能的人浮現。

同時，主管也要願意承認自己的觀察是有限的，並從不同同事、不同情境、甚至下屬的觀點來建立對一個人的全貌理解。選才的過程，也是一場對領導者本身的修練。

當我們學會不被表面表現所迷惑，願意花時間深入理解每個人的真實樣貌，就能避免「升錯人」的代價，也能真正建立起有持續戰力的團隊。這樣的判斷力，才是現代領導者不可或缺的能力。

第三節　領導的本質是看懂人性

從人性的角度理解領導

許多領導困境，表面上看是制度問題或能力不足，實際上卻是「對人性理解不夠深」。舉例來說，當一位主管在面對團隊士氣低落時，他或許會選擇開檢討會、加壓 KPI，試圖拉回績效，卻沒想到這樣的舉措反而進一步壓垮團隊，讓人離心。原因在於，他沒有意識到：人並不是機器，無法透過壓力直接驅動。

從心理學觀點來看，人的行為來自動機、情緒與關係三種驅動力，而不是單純的理性算計。一個人之所以願意多付出，不只是因為主管交代、薪資誘因，更常見的是因為他感覺自己被重視、被理解，或者他相信這個團隊的未來值得投入。也因此，真正能帶人者，不只是會下指令，而是能洞察人心。

許多領導者誤把「管理」當成「控制」，以為人只要設好規則就會自動運轉。然而，現代組織中的工作者越來越重視尊嚴感、參與感與意義感，若領導者忽視這些心理層面，就會產生極大的內耗。要成為有影響力的領導者，必須先具備人性理解的基礎，知道什麼會讓人投入、什麼會讓人疏離。

激勵不是灌雞湯,是抓住人性痛點

激勵員工不是一種講話術,而是一種策略性的設計。哈佛大學心理學家大衛‧麥克利蘭(David McClelland)提出「三大需求理論」,認為人有成就需求(Achievement)、親和需求(Affiliation)與權力需求(Power)。也就是說,不同的人被不同的東西驅動,有人渴望挑戰與表現,有人重視關係與歸屬,有人則追求影響力與掌控權。

舉例來說,如果你將一個高度成就取向的員工放在一個重流程但缺乏挑戰的環境,他可能很快就會失去熱情;相對地,如果一個人重視關係,但卻被安排進入競爭激烈、缺乏團隊感的部門,也會快速感到排斥。因此,領導者的職責之一,就是找出每個人的「內在驅動主軸」,並創造一個讓他可以被這個動力推動的環境。

這並不容易。因為人的需求會變化,也不容易被他自己察覺。但領導者可以透過觀察日常反應、詢問工作偏好、記錄行為模式等方式來歸納線索。最重要的是,激勵的關鍵從來不是「講得多感動」,而是「設計出讓他願意自動投入的場域」。這種能力,是每個主管都該練的真本事。

第一章　領導為什麼難：先理解人，才談得上帶人

帶人不是對每個人都一樣，而是要因人而異

領導者常誤以為「一視同仁」是最公平的帶人方式，但事實上，這種平均主義反而會讓真正有潛力的人感到壓抑，讓需要更多支持的人失去安全感。真正有效的領導，是「因材施教」，也就是針對不同類型的部屬，設計出適合他的溝通方式、任務配置與發展節奏。

舉例來說，有些人需要的是空間與信任，他們討厭被管太細；但也有些人是成長型選手，他們需要更頻繁的回饋與方向指引。如果一個領導者無法區分這些差異，一律採用統一做法，就會讓團隊內部充滿誤解與摩擦，甚至導致人員流失。

這也是為什麼領導者必須同時具備「心理彈性」與「情境判斷」。前者讓你不會因為一個部屬做法跟你不一樣就否定他，後者則能幫助你在不同任務與時間點調整策略。從這個角度來看，領導不是一種標準化技能，而是極度客製化的工作。而真正厲害的領導人，並不是用一套方法帶所有人，而是能為每個人調出最適合的配方。

能夠讀懂情緒的人，才能帶得穩團隊

領導者不只是要帶人做事，更要帶得住一個團隊的情緒。許多主管在面對衝突、壓力或變動時，第一反應是「壓

下來」、「快解決」，但這種處理方式往往只是暫時止血，卻讓問題埋得更深。長期來看，團隊可能會開始失去安全感、壓抑情緒，甚至出現離職潮。

情緒是組織裡最被忽略卻最強大的動力來源。會領導的人懂得觀察氣氛變化、辨識情緒訊號，並懂得用語言或行動去安撫、引導甚至轉化這股能量。像是遇到錯誤時，不急著問誰犯的錯，而是先了解大家的感受；或是在任務延期時，不只談效率，還談士氣與信任。這些處理方式，會讓人感覺被尊重，也更願意為團隊承擔。

現代領導學也越來越強調「情緒智力」（Emotional Intelligence, EQ），也就是領導者能否掌握自我情緒、理解他人感受、並做出適當應對的能力。這不只是溫柔，而是一種高效率的領導策略。因為被理解的人比較不會反彈，有情緒出口的團隊比較不會壓垮。

看懂人性，是領導修練的起點

我們總以為領導是學來的技巧，但實際上更像是一種對人的理解與接納。你越能看懂人性，就越能預測一個人在不同情境下會如何反應，也越能設計出合適的環境讓他發揮。而這份「理解力」不是憑感覺來的，而是來自觀察、記錄與反思。

第一章　領導為什麼難：先理解人，才談得上帶人

當一位領導者願意從每次互動中找出人性的共通模式，從中發展出自己的帶人原則與行為策略，那他就不再只是依賴教科書，而是從經驗中長出智慧。這也意味著，真正的領導修練，不在會議桌上，而在與人相處的日常裡。

所以別再把帶人當作指揮、規範、糾正，而要開始練習理解、引導與設計。看懂人性，是成為卓越領導者的第一步。

第四節　領導的風格會影響團隊心理氣候

風格不是性格,而是你選擇怎麼對人

許多主管會說:「我就是這種個性,直來直往,有話直說。」但事實上,所謂的領導風格並不等於一個人的性格,而是他在與人互動時選擇的方式。你可以很直率,但仍然表達得有溫度;你可以很嚴謹,但不必讓人感覺壓迫。風格是行為選擇的累積,而這些選擇,會直接形塑一個團隊的心理氣候。

心理氣候(psychological climate)是指團隊成員對工作環境的主觀感受,包含安全感、參與感、公平感與歸屬感等。研究顯示,領導者的語氣、態度、處理問題的方式與日常行為,會深刻影響這些感受。例如:一個只在出錯時才出現的主管,會讓團隊成員充滿戒心;一個從不傾聽下屬想法的主管,會讓人逐漸選擇沉默。

這也是為什麼,有些團隊在同樣資源條件下能發揮高效,而有些卻頻頻內耗。並不是人有問題,而是風格導致的氣氛不同。當主管習慣用質疑口吻問話、用高壓方式處理失誤,久而久之,整個團隊就會進入「防衛性文化」的狀態,人人自保、缺乏合作。而一個以鼓勵與信任為基調的風格,則能營造出「心理安全感」的氛圍,讓團隊更願意嘗試與創新。

第一章　領導為什麼難：先理解人，才談得上帶人

▍壓力不是問題，氛圍才是關鍵

許多主管擔心「太溫和帶不動人」，於是選擇高壓式管理。但其實問題不在於「壓力有沒有」，而在於「這壓力讓人有沒有被看見、有沒有支持」。根據《哈佛商業評論》針對高績效團隊的研究發現：在適度壓力下，有心理安全感的團隊反而表現更好。因為他們知道失敗不會被羞辱、問題可以被討論，因此更願意主動承擔與嘗試。

我們常看到一些主管動不動就用 KPI 壓人、開會語氣強勢、對失敗採取懲罰制度，這看似有效率，實際上卻容易引發恐懼與抵抗。當人處於高度壓力但又缺乏支持時，腦中的「戰或逃」機制就會啟動，人們要嘛選擇應付，要嘛選擇逃避。這樣的氣候只會讓創意與主動性快速消失。

好的壓力管理，其實來自清楚又具支持性的風格。例如：目標設定時可以高標，但過程中提供資源與傾聽；錯誤發生時可以要求檢討，但也設計修正與學習的機會。這種風格讓人知道「你要求我，是因為相信我能做到」，而不是「你盯我，是因為你不相信我」。這兩種差異，決定了團隊是萎縮還是成長。

第四節　領導的風格會影響團隊心理氣候

你的情緒管理，決定團隊的穩定度

領導者的情緒像是整個團隊的氣壓計，一有波動，就會影響大家的心情。當主管進辦公室臉色難看、言語冷漠，整個辦公室的空氣都會凝重；而當主管能夠在壓力之下仍然保持鎮定、用正向語氣安撫人心，團隊即使在混亂中也能找到定錨。

這就是為什麼，領導者的情緒管理能力是帶隊穩定的關鍵。你不能控制每個人，但你可以先穩住自己。心理學中稱之為「情緒傳染」（emotional contagion），也就是一個人情緒會潛移默化影響整個群體。當你緊張，大家會更焦慮；當你混亂，團隊會更不知所措。

領導者的情緒穩定來自三件事：第一，認知到自己當下的情緒狀態；第二，有調整情緒的策略（像是暫停、呼吸、寫下思緒等）；第三，是願意坦誠但不傾瀉地溝通情緒。舉例來說，你可以說「這件事我有點擔心，我們來一起想解法」，這會比「你怎麼做成這樣」來得更有效率。

從你說話的方式，看得出你的領導基調

語言是風格的外顯。你平常怎麼說話，就會塑造團隊怎麼互動。舉例來說，當主管習慣用「為什麼你沒做好？」開場，就會讓部屬預設「我會被責怪」；反之，如果你問「目前

第一章　領導為什麼難：先理解人，才談得上帶人

有哪些卡關的地方？我們來一起解決」，則會讓對方覺得「主管在幫我」而非「主管在審我」。

我們常說語氣勝於語意，就是這個道理。即使你講的是對的，但語氣不對、場景不對、方式不對，都會讓人產生抗拒。好的領導風格會根據不同的情境做出語言微調，不是矯情，而是專業。例如：在公開場合以團隊為主體表達肯定、在私下個別對話中給予具體建議、在危機時展現明確指令與情緒支持，這些都是一種語言策略。

風格不是要你做作，而是讓你有更多方式可以溝通你的想法與期待。當你的說話方式一致、清楚且有彈性，團隊會更快讀懂你的標準，也會更願意主動對齊。這種語言上的精準，其實是領導者最基本的素養之一。

團隊氣候，是你風格的集體投射

團隊的氛圍不會自動形成，它是一點一滴被你帶出來的。你說話的方式、處理問題的態度、看待錯誤的方式、給予回饋的頻率，這些都會在無形中被團隊吸收、模仿、放大，最終成為一種集體文化。

如果你總是冷眼旁觀、缺乏情緒回應，那麼團隊也會學會不關心彼此；如果你習慣讚美小進步、接納不同意見，那麼團隊就會長出安全感與創造力。團隊氣候不是抽象概念，而是每個人每天的情緒總和。而你，就是那個定調的人。

第四節　領導的風格會影響團隊心理氣候

所以,請別低估你的影響力。你怎麼帶,團隊就會怎麼活。當你選擇用什麼風格領導,也是在選擇要打造什麼樣的團隊文化。這份選擇權,就是你作為領導者最強的力量來源。

第一章　領導為什麼難：先理解人，才談得上帶人

第五節　領導失效，常因為太相信自己

當自信變成盲點時，領導就容易偏離

領導者通常都是在某個領域表現傑出、備受信任後被提拔上來，也因此，他們多半具備一定程度的自信心。這本身不是壞事，但問題出現在當自信過度，開始排斥回饋、無視他人建議、過度信賴自己的經驗時，自信就容易轉變為領導盲點。

心理學家丹尼爾·康納曼（Daniel Kahneman）曾提到，人類有一種「過度自信偏誤」（Overconfidence Bias），即使證據不充足，依然會對自己的判斷抱有過高信任。這在領導者身上尤其常見，因為職位越高，越容易落入「我知道得比較多」、「大家看法只是雜音」的思維陷阱，進而忽略團隊的真實聲音。

一旦領導者開始封閉對話、拒絕反對聲音、凡事自認正確，就會讓團隊陷入「表面順從、實際無力」的局面。成員不再主動貢獻意見，只做被要求的事，創新與合作的動能就此消失。這種失效過程不會立刻爆發，而是像慢性病一樣，一點一滴侵蝕團隊活力。

真正的強大，不是永遠對，而是能在必要時放下自我，聽見不一樣的聲音。領導者若能意識到自己也可能看錯、判斷失誤，就能讓團隊形成一種「共同守望」的文化，這比單一領袖的判斷力還要可靠。

第五節　領導失效，常因為太相信自己

▍拒絕回饋，是領導失靈的起點

有些主管會說：「我很歡迎大家給意見啊，可是都沒人講。」這句話聽起來像是在鼓勵發聲，但實際上往往藏著潛臺詞：「我只是表面歡迎，心裡不想被質疑。」這樣的假開放，只會讓團隊更加沉默。

根據《哈佛商業評論》研究發現，當主管在會議中聽到與自己不同的意見時，如果當下反應是辯解、轉移或否定，會大幅降低下屬日後表達建議的意願。也就是說，開放回饋不是說你願意聽，而是你要能承接那些讓你不舒服的話，還願意進一步思考其背後的價值。

臺灣某設計公司的創辦人曾分享，他早年創業時曾因太相信自己判斷，拒絕設計團隊的使用者體驗建議，結果產品雖然推出，卻被市場冷落。事後他才意識到，原來自己的經驗並不適用每一個階段。他學到的不是技術調整，而是從此開始在每個提案會中保留「反對角」，強制讓團隊內部提出最不被接受的質疑觀點。

拒絕回饋的領導者，容易在成功經驗中迷失方向；而能歡迎反對聲音的領導者，才有機會讓決策更全面、更靈活、更貼近現場需求。

第一章　領導為什麼難：先理解人，才談得上帶人

經驗有用，但也會變成框架

經驗常被視為領導的寶藏，但也可能成為限制思維的枷鎖。當一位主管不斷用過去的成功公式來處理當下的新挑戰，他可能正悄悄落入「過時經驗套用」的陷阱。

這種情況在產業快速變動時最為明顯。舉例來說，過去在製造業成功的流程導向思維，套用在現在的數位產品開發，可能會導致創意被壓縮、彈性消失。再者，新世代員工的價值觀也與以往不同，過去那套「你聽話我獎勵」的激勵邏輯，對Z世代來說未必有吸引力。

領導者如果過度依賴經驗，會出現三個問題：第一，不願嘗試新的管理方法；第二，否定年輕世代的語言與風格；第三，錯把穩定當作成功的指標。這些都會讓領導陷入停滯，也讓團隊逐漸失去競爭力。

相反地，懂得將經驗視為參考而非標準的領導者，會更願意與團隊共同學習與成長。他們不怕說「我也不確定，但我們一起找答案」，這樣的姿態，反而更有力量。

單打獨鬥的領導，走不遠

有些領導者堅信「靠自己比較快」，於是事事親力親為，大小都要過目、決策都要控制，表面上是謹慎，其實是對團隊的不信任。久而久之，團隊成員會失去主動性，什麼都等

主管指示,導致整體效率反而更低。

領導的本質不是自己做完,而是讓別人願意做、能夠做、做得比你好。這其中的關鍵在於「授權」與「信任」。許多主管在授權時只交代任務,卻沒有給予足夠資源與決策空間,導致部屬無法順利推進,結果主管又收回主導權,陷入惡性循環。

成功的領導者懂得建立一套「信任流程」,包含設定清楚的標準、提供足夠的資源與支持、建立回報與修正機制。如此一來,即使錯了,也能快速學習與補救。領導不等於控制,而是創造一個讓每個人都能長大的環境。

若領導者無法從單打獨鬥中跳脫,就難以帶出有自律與主動性的團隊。而當整個組織都習慣「等主管發話」,那麼再多的策略與資源,也會淪為紙上談兵。

懂得修正自己,才有餘力修正團隊

領導者最大的修練,不是管理別人,而是管理自己。你能不能意識到自己的偏見?你能不能在失敗時反省?你願不願意修正自己的領導策略?這些決定了你帶領團隊的天花板在哪裡。

領導失效,常常不是別人不努力,而是自己不再成長。當你停下學習、停止調整,整個團隊也會停滯不前。唯有不

第一章　領導為什麼難：先理解人，才談得上帶人

斷檢視自己的影響方式、情緒反應與決策盲點，才能避免落入自我封閉的陷阱。

真正的領導者不是沒問題的人，而是勇於面對問題的人。他們不怕被指出錯誤，因為他們知道，這正是提升自己的起點。他們也不會把團隊的沉默當成順從，而是當成警訊，提醒自己要更謙卑、更開放。

當你願意先修正自己，你就有力量去引導別人調整；當你能從他人眼中看到自己的模樣，你就會越來越接近一個可信任的領導者。

第六節　領導力不是天生，是學出來的

領導力不是天賦，是選擇持續練習的結果

在多數人印象中，領導者似乎天生就具備某種魅力或號召力。但事實上，絕大多數的領導特質並不是與生俱來，而是透過經驗磨練與有意識的學習逐步建立起來的。從學術研究到實務案例都證實：領導力可以後天養成，關鍵在於是否願意不斷調整、反思與練習。

心理學家詹姆斯・庫澤斯（James Kouzes）與貝瑞・波斯納（Barry Posner）針對數千名領導者研究後指出：「偉大的領導者不是出生時與眾不同，而是在實踐中學會與人相處、帶人前行。」這說明了一個重點：領導力是可以學的行為模式，而非固定的性格屬性。

許多人以為領導者需要外向、擅長說話、有舞臺魅力，事實上，內向者也可以成為極有影響力的領導者，只要他願意建立信任、傾聽團隊、提供清楚方向。我們常看到一些沉穩但有遠見的領導者，不見得聲量最大，卻總能讓團隊安定且前進。

所以，與其問「我適不適合當主管」，不如問「我願不願意為了成為好領導者而持續進步」。領導力不是瞬間點亮的能力，而是一連串選擇與行動所累積出的力量。

第一章　領導為什麼難：先理解人，才談得上帶人

領導力的養成來自反思與修正

領導成長的關鍵，不在於你看了多少理論書籍，而在於你是否願意從日常錯誤中學習。每一次溝通不良、衝突誤判、判斷失誤，都是你成為更好領導者的養分。只要你願意事後停下來問自己三個問題：「我有沒有多想一步？我做法讓對方感受如何？下次我會怎麼改？」這樣的自我對話，就是領導力的修練起點。

這也說明為什麼許多成功領導者不見得一開始就完美。他們也曾經魯莽、獨斷、忽略他人情緒，但不同的是，他們從來不停止修正自己。修正不是軟弱，而是代表你願意對自己的影響負責。

一位臺灣連鎖品牌營運長就曾分享，他在第一次帶團隊時，因為太急著讓大家跟上節奏，導致許多成員無法適應、頻繁離職。他一度將問題歸咎於「對方抗壓性不足」，直到一次與離職員工的深談中，才發現自己太缺乏引導與傾聽。自那之後，他開始記錄每次開會語氣、回饋內容與衝突處理方式，並在每週做自我檢討。兩年後，他帶出的中階主管群成為整個集團的接班骨幹。

這樣的歷程證明，領導力的成長不是一條直線，而是一個不斷失誤、反思、再嘗試的迴圈。能不能變強，關鍵不在錯得多不多，而在你改得深不深。

第六節　領導力不是天生，是學出來的

每個人都能找到適合自己的領導方式

坊間常有各種「領導風格類型測驗」，像是指揮型、教練型、協調型等，這些工具雖然提供參考，但不應該成為限制。因為真正有力量的領導風格，往往是融合個人特質與情境需求後自然生成的，而非一開始就被定義好的模式。

你可以是溫和的領導者，也可以是果斷的領導者，關鍵在於是否真誠一致、是否能被團隊讀懂。誠懇不代表軟弱，堅定不代表冷酷。一位好的領導者，會根據團隊組成、任務內容與文化背景調整自己的行為，而不是堅持一招打天下。

在國際知名非營利組織 Ashoka 的研究中發現，最能長期維持團隊動能的領導者，通常具備「適應型領導」（adaptive leadership）的能力，也就是在快速變動中調整策略、在文化衝突中修正方法、在團隊回饋中微調語言。這樣的風格，從不固守某種「最好」，而是持續追求「最適」。

因此，不需要模仿別人，也不必自我懷疑。你真正需要的是，願意不斷嘗試，找到一種屬於你、也被團隊接受的領導方式。這份風格，一旦成形，就會成為你最穩定的領導核心。

領導力養成需要外部資源與社群支持

領導不是孤軍奮戰，而是一場需要同儕回饋、專業輔導與共同學習的歷程。許多組織仍然期待主管「一升上來就要

第一章　領導為什麼難：先理解人，才談得上帶人

會」，但實際上，如果沒有給予學習資源與社群支持，即使最有潛力的領導者也可能在初期就受挫退場。

最常見的情況是，新任主管面對「上壓下擠」的情境，內部沒人能商量，外部又難以求助，最終只能自己硬撐，甚至出現過勞、情緒失調等狀況。這也突顯出，領導者不是越強越孤單，而是越強越懂得尋求協助。

現代企業可以透過「同儕教練制度」、「主管學習圈」、「外部顧問支持」等方式，建立一個讓領導者能夠說真話、問問題、討論困境的空間。這不僅讓領導者成長得更穩，也能有效降低因孤立造成的誤判風險。

成為好領導者，需要一條支持的路徑，而不是孤獨的期待。當組織願意投資在領導力發展上，整個文化也會朝向更健康、可持續的方向前進。

領導的本質，是對人成長的責任感

領導不只是帶人完成任務，更是對一群人未來成長的承諾。這份承諾，不來自職稱，而來自你是否真心希望別人變好，是否願意為他人的進步付出時間與心力。

當你願意為團隊多想一步、願意停下腳步回應疑問、願意在忙碌中安排對話時間，這些行為累積起來，就是你身為領導者的真實價值。因為每一次你帶人長出新能力、跨

第六節　領導力不是天生，是學出來的

過一道困難，都是一份看不見的成績單，也是一種真正的影響力。

因此，不要再問「領導是不是我的天分」，請問自己「我願不願意為他人變得更好而努力學習」。領導不是你站得多高，而是你是否願意彎下腰，引導更多人一起前進。這樣的姿態，才是領導力最深層的起點。

第一章　領導為什麼難：先理解人，才談得上帶人

第七節　領導行為從哪來？

領導行為是一連串選擇的結果

許多新任主管會問：「我該怎麼當一個好領導者？」但更根本的問題是：「我的行為是怎麼來的？」領導行為從來不是憑空出現，而是長期以來經驗、信念、模仿與情境選擇交織出的產物。你現在的帶人方式，可能來自你曾經的主管影響、個人價值觀、文化背景，甚至是過去在校園或家庭中形成的互動模式。

心理學家亞伯特・班度拉（Albert Bandura）提出「社會學習理論」（Social Learning Theory），認為人類行為常來自觀察模仿。換句話說，當你看到某位主管總是用嚴厲口吻下指令，你可能在潛意識中也學會了這樣的帶人方式。若沒有刻意檢視與調整，你就會以為這是「正確」或「自然」的領導模式。

然而，真正成熟的領導者會回頭檢查：我的習慣從哪來？我做的方式是否適合現在的團隊？我在什麼情況下會變得強勢、退縮、或是放任？這些覺察，才能幫助我們不只是「重複過去」，而是「有意識地選擇未來」。因為領導行為不是本能，而是一種可以更新的決策架構。

每一次互動，都是在塑造你的領導風格

我們常以為領導是重大時刻才會出現的行為，例如決策開會、調派資源、處理衝突等。但事實上，你每天對團隊講的每一句話、每一次回應問題的語氣、每一個表情，其實都在塑造你的領導形象。這些微行為（micro-behaviors）加總起來，決定了團隊怎麼看你、怎麼回應你。

比方說，當部屬問你「這個能不能做點調整？」你是說「你照我說的做就好」，還是說「可以，我們一起來看看怎麼改比較合適」？這兩種回應塑造的是完全不同的領導氛圍：一個是單向命令，另一個是共同參與。

研究指出，領導者在日常互動中展現的尊重、傾聽、肯定與信任，是影響員工動機與投入感的最大關鍵。而這些行為不是大動作，而是每天累積的細節。因此，真正的領導修練，不在於你會不會開會，而在於你是否在每個對話中都帶出一種被信任與被支持的感覺。

領導行為會受情境影響，也能透過設計調整

領導不是單方面的表現，也不是人格的投射，它是一種情境行為。意思是：你怎麼帶人，會受到當時情境的影響，比如：任務的壓力、團隊的成熟度、時間的緊迫感、甚至你自己的身心狀態。

第一章　領導為什麼難：先理解人，才談得上帶人

這就是為什麼，我們會在不同專案中看到同一位主管展現出不同的風格──有時理性、有時急躁、有時放手、有時嚴格。這並不是「他多變」，而是領導行為本來就會因應情境調整。關鍵在於，這些調整有沒有意識？還是只是一種下意識的情緒反射？

好的領導者會設計自己的行為：當任務明確但團隊經驗不足時，採取較多指導；當團隊自主性高，則採取授權策略。他們也會設計回饋節奏，例如一週一對一談話、每月團隊檢討會、出錯後的快速回應，這些都是將領導行為制度化的過程。

換句話說，你的行為可以被預先設計，而不是當下情緒決定。當你能有意識地決定要如何帶人，而不是任由壓力主導，那麼你就掌握了自己風格的主控權。

領導行為需要持續練習與回饋調整

就像運動員的表現需要訓練，領導行為也需要反覆練習與回饋。很多人誤以為當主管後，行為就會自然「到位」，但現實是：沒有人天生知道怎麼給回饋、怎麼處理衝突、怎麼授權，這些都是需要透過實戰後反思再優化的技術。

每一次會議後的檢討、每一次溝通後的反思、每一次任務安排後的成效檢視，都是你修正行為的機會。舉例來說，如果你發現團隊執行總是偏離方向，可能不是他們能力不

夠，而是你的說明不夠清楚；如果成員對你總是語帶保留，可能是你太常在會議中否定他們的建議。

這些發現不會自動浮現，而是需要你主動建立回饋管道，比如定期讓成員給你匿名回饋、邀請外部教練協助觀察，或是記錄自己的語言與肢體行為。這些都是幫助你進步的鏡子。而你是否願意面對這面鏡子，決定了你能否成為持續成長的領導者。

領導行為是一種可以傳承的文化

當你開始有意識地帶人、調整行為、建立風格，你的行為不僅影響當下的團隊，更會被複製、模仿、傳承下去。你的下一代主管會從你這裡學到怎麼說話、怎麼處理壓力、怎麼帶出信任。你正在形塑的，不只是自己的領導力，更是一種組織文化的範本。

這也是為什麼企業不能只看「這位主管績效好不好」，更要看「他帶出來的人是不是也有能力與信任感」。因為好的領導行為會擴散，讓整個團隊慢慢走向成熟、有溫度、有戰力；而壞的行為也會快速蔓延，造成恐懼、內耗與離職潮。

領導行為不是個人表現，而是一種影響他人行為的種子。你種下什麼，團隊就長出什麼。當你意識到這一點，你會更謹慎地對待自己每一個選擇，也更謙遜地面對帶人的責任。因為你不只是在管理人，而是在為未來打造榜樣。

第八節　領導風格是什麼？任務導向與關係導向的差別

領導風格會影響團隊的運作方式

我們常說一個主管「風格強勢」、「風格溫和」、「風格務實」，但什麼是領導風格？在心理學與組織行為學中，領導風格指的是一個人習慣性地影響他人的方式，這包括他怎麼做決策、怎麼溝通、怎麼處理壓力與衝突。這不只是個人偏好，而是會直接影響團隊氣氛、工作效率與成員留任意願的關鍵因素。

研究顯示，領導風格大致可分為兩大類型：任務導向（task-oriented）與關係導向（relationship-oriented）。任務導向的主管強調成果、效率與標準，他們常有清楚的目標設定與高執行要求；關係導向的主管則更注重團隊氛圍、人際互動與成員福祉，他們傾向用支持與關懷的方式來引導團隊。

兩種風格各有優勢，也各有盲點。任務導向的主管在面對緊急專案時能快速組織資源、壓縮流程，但若過於強勢，容易忽略人際關係的累積與溝通成本；關係導向的主管則能建立高信任的環境，讓成員感到被尊重與支持，但若缺乏決斷力，也可能讓團隊陷入效率低落或方向模糊。

第八節　領導風格是什麼？任務導向與關係導向的差別

真正的領導力，並不在於選擇哪一邊站，而是在於能否根據不同情境切換風格、取得平衡。

任務導向的風格強調結果與標準

任務導向的領導者，關心的是目標有沒有達成、流程有沒有落實、團隊是否有效率。他們的溝通通常直接、聚焦在進度與數據上，對於細節與規則有高度敏感。他們擅長設定明確期程、拆解任務並分配資源。

這樣的風格在高度時間壓力或目標清晰的專案中非常有用。例如：新品上市前的最後衝刺期、系統上線倒數計時、危機處理需要快速統整決策時，任務導向的主管可以像總指揮一樣，確保每一個環節都精準執行。

但任務導向的盲點在於過度專注成果，忽略人的狀態。當一個主管只關心數字與報表，卻忽略成員的情緒負擔或互動困難時，團隊可能會表面配合，實際卻產生倦怠、流失與抗拒。長期而言，效率可能反而下降，因為缺乏內部的信任與支持系統。

因此，任務導向者需要學習的，不是放棄效率，而是理解：「人是執行任務的主體」，沒有穩定的人，就沒有可持續的成果。

第一章　領導為什麼難：先理解人，才談得上帶人

關係導向的風格強調支持與信任

相對地，關係導向的領導者關心的是人際氛圍與信任基礎。他們擅長傾聽、鼓勵、協助成員處理人際矛盾與壓力，強調合作而非競爭。他們的溝通語氣溫和，會主動關心夥伴的心理狀態與工作感受。

這樣的風格適合在團隊建立初期、跨部門合作、多元文化組成或變動頻繁的環境中，因為人際穩定與信任感是推動協作的前提。當一個主管能讓團隊感受到「你不是一個人」、「出錯也有人幫忙」、「主管真的會聽我說」，那麼團隊的主動性與承擔意願會大幅提高。

然而，關係導向的挑戰在於決策效率與目標驅動力。若主管太在意每個人的感受、不敢明確指派工作或設下標準，可能會造成方向模糊、責任推諉、進度拖延。因此，關係導向者需要學習的是如何在保有支持的同時，建立一套明確的任務機制與責任框架。

領導不是單靠溫度，也不是只靠力度，而是找到兩者的動態平衡。

情境會決定你該用哪種風格

很多人以為自己就只能是一種風格，但實際上，最有效的領導風格是「情境型的適配」。根據費德勒（Fiedler）的領

第八節　領導風格是什麼？任務導向與關係導向的差別

導權變理論,最佳的領導效能來自於「風格」與「情境」的匹配程度。也就是說,不同任務與團隊成熟度,需要不同的帶法。

舉例來說,當團隊剛成立、成員互不熟悉時,任務導向風格能提供清晰方向與結構,幫助大家快速進入狀況;但等到團隊逐漸穩定,成員開始追求自主與認同感時,關係導向風格會更適合長期維繫。

又或者,在重大危機與臨時應變任務中,主管需要展現果斷決策與任務控制能力;但在日常營運或文化建構階段,則更需要關心夥伴心聲、維繫團隊情緒與信任。

因此,領導者最重要的能力之一,就是「情境判斷力」——你要看得出現在的團隊處在什麼狀態,需要什麼帶法,而不是堅持用自己最習慣的方式來處理所有問題。

找到你的風格基調,再練切換彈性

每個人都有比較自然偏好的風格,有人天生比較有系統、邏輯清晰,適合任務導向;有人擅長共感與傾聽,更適合關係導向。這些都沒有對錯,重要的是你要先知道自己的「風格基調」是什麼,再來練習在不同情境下做出彈性調整。

風格不是硬切換,而是微調。例如:你本來就是一位重視目標的主管,在團隊出現疲乏時,你可以花幾分鐘問問大

第一章　領導為什麼難：先理解人，才談得上帶人

家最近工作上的壓力與支持感，這不會降低效率，反而讓人更願意投入。或者你是一位非常關心人感受的主管，在推進重大專案時，可以明確設下階段目標與責任分工，不會讓團隊覺得「一團和氣但沒有人領路」。

練習風格切換，就像調音師一樣，不是換掉整個樂器，而是微調音準，讓整體旋律更和諧。這份調整力，是領導者面對變動時最可靠的底氣。

成為風格有意識的領導者

風格不是標籤，而是一種選擇。你可以選擇帶人帶得像軍隊，也可以像教練、像朋友、像舵手，重點是你知道自己為什麼這樣做，這樣才不會在挫折時亂了步調，也能更清楚自己該學什麼、修什麼。

當你開始意識到風格可以被設計、被調整、被練習，你就會發現領導其實沒那麼神秘，而是一種與人共處的技術與態度。你帶人的樣子，就是你選擇成為什麼樣的大人。

而這份選擇，從你下一次說話的語氣、安排工作的節奏、處理衝突的反應開始，每天都可以重來、重新定義。

第九節
領導測評的目的：幫助而非貼標籤

測評不是挑錯，是幫你更認識自己

在多數人的印象中，一聽到「測評」兩字，腦中就浮現打分數、考試、貼標籤的畫面，好像有人坐在你對面，拿著放大鏡找你哪裡不夠好。但事實上，領導測評的真正目的從來不是為了批判，而是協助。它不是為了決定你「行不行」，而是幫助你理解「哪裡還可以更好」。

就像健康檢查不是為了說你有多糟，而是讓你提早發現可能的問題，測評也是幫助你在還沒發生重大失誤前，調整自己的領導方式與行為模式。尤其是對於剛晉升的主管，或是在不同職能間轉換的領導者來說，測評更是一面鏡子，讓你看見自己在不同情境下的反應與選擇。

根據調查，有超過七成的主管在接受360度回饋測評後，能夠明確指出自己最需要強化的行為與盲點，並且在半年內明顯改善其團隊信任度與合作效率。這說明測評如果用得好，不是考核工具，而是成長加速器。

所以，與其抗拒，不如換個角度看待測評：這不是別人在看你，而是你給自己一次機會，去理解自己的領導樣貌與潛力輪廓。

第一章　領導為什麼難：先理解人，才談得上帶人

測評讓你看見你沒看見的部分

領導者最常見的盲點，就是誤以為別人眼中的自己，跟自己想的一樣。但事實是：你說話的語氣、處理問題的方式、做決策的節奏，常常在不自覺中傳達出壓力、排斥或忽略感。這些訊號如果沒有被反映回來，你很難知道問題在哪裡。

這正是測評最有價值的地方。透過結構化的測驗、他人回饋、行為觀察等方式，它能幫助你看見「自己沒發現的自己」。像是你可能自認很開放，結果團隊回饋顯示他們不敢提建議；你覺得自己給很多空間，實際上大家覺得你太放任、缺乏指導。

這些反差不是批評，而是提醒你：影響力來自感受，而不是意圖。你想成為什麼樣的領導人，不是你說了算，而是別人感受到什麼決定的。而測評提供了一個中立、客觀的方式，讓這些感受被收集、整理與反映出來。

因此，測評不該是驚喜包，也不該只做一次，而是一種長期觀察與回顧的系統。它幫助你不斷微調自己，像導航系統一樣，即使偶爾偏離，也能自動修正回到更理想的軌道。

好的測評系統會關注行為，而非個性

很多人對測評反感，是因為覺得那是在定義「我是怎樣的人」。但實際上，專業的領導測評多半關注的不是你是哪一

第九節　領導測評的目的：幫助而非貼標籤

種性格，而是你在特定情境下展現出什麼樣的行為反應。

舉例來說，它會關心你在壓力下如何處理衝突、在資訊不足時如何決策、在團隊出錯時如何回應。這些是可以調整、可以練習、可以改變的「行為」，而不是不可動搖的「個性」。

這樣的設計目的是幫助你有具體的改善方向。比如：如果評估結果顯示你在高壓下容易話語強硬，這並不代表你人不好，而是提醒你可以練習在壓力下使用更穩定的語氣與語言策略。這樣的建議才有助於成長。

此外，好的測評系統也會提供多角度觀點，包括自我評估、上級評估、平行同儕與下屬評估，形成一個更完整的觀察圖像。因為只有這樣，我們才能看見「我認為的自己」與「別人眼中的我」之間的落差與連結。

測評不是貼標籤，是起點不是終點

很多企業在導入測評工具後犯的一個錯，就是把結果當作分類依據，像是「這個人有領導潛力、那個人沒料」、「這份分數比較高所以升遷」。這樣做不但扭曲了測評的本意，也會讓被測者產生防禦性，失去真實反映的空間。

領導測評的正確用途應該是「對話的起點」。它提供的是資料與觀察，但如何詮釋與後續怎麼做，才是重點。比起定論式的解釋，我們更應該用它來問：「你怎麼看待這份結

果？」、「你覺得哪些行為是你想優化的？」、「這些結果對你來說有什麼意義？」

這樣的對話方式，讓測評成為學習工具，而非評價機制。它鼓勵的是自我理解與行為優化，而不是標籤與分類。也因此，主管與人資部門在運用這類工具時，也要接受訓練，學會如何引導這些對話，而非只是轉發一份報告就結案。

真正成熟的組織文化，不是用數字決定誰上誰下，而是用數據支持誰還能更好。

測評是一種自我對話，也是一種關係重建

當你開始接受測評結果，並與團隊分享、對話、承認、修正時，你不只是了解了自己，更建立了一種「可以說真話」的關係氛圍。因為你展現了「我也在學習」、「我也會錯」、「我願意改」，這樣的態度本身就是一種強大的領導力展現。

反過來說，當主管能夠誠實面對自己的弱點，也會讓團隊成員學習如何面對自己的缺點。這就像丟下第一顆石頭的人一樣，你的行動決定了文化的起點。

從這個角度來看，測評其實是一種文化工具。它不是讓人害怕的東西，而是讓組織能夠更誠實、更精準、更前進的方法。它讓我們從「我有沒有問題」的焦慮，轉變成「我還能怎麼進步」的好奇。而這份好奇，就是領導成長永不停止的動力來源。

第二章

領導的全像圖：
影響力如何形成

第二章　領導的全像圖：影響力如何形成

第一節　領導行為從哪來？

領導行為不是天生，而是環境與選擇的結果

當我們看到某位領導者展現強烈自信、精準決斷與團隊凝聚力時，常會以為他天生就是「領導型人格」。但事實並非如此。現代心理學與組織行為研究顯示，領導行為並不是一種天生的特質，而是一連串社會學習、經驗累積與情境選擇的結果。換句話說，每個人都可能成為領導者，只要理解自己行為的來源並學會有意識地調整。

你小時候看到老師怎麼對待學生，在社團觀察學長姐怎麼分配任務，第一份工作中主管如何開會與處理衝突，這些經驗點滴塑造了你對「怎麼領導」的初步理解。

然而，模仿不等於成熟。真正能帶領他人的人，會開始質疑與反思自己學來的那些行為是否適合目前團隊。你可能發現，以前那種高壓督促法在新世代團隊中完全無效；或是過度民主的風格反而讓決策遲緩。從模仿進化到選擇，是每一位領導者行為轉型的起點。

領導行為會受到文化與組織脈絡影響

領導方式從來不是孤立的行為，它深深受到你所處文化與組織氛圍的影響。在臺灣，許多企業文化仍強調「尊重上

級」、「避免正面衝突」，這樣的環境容易養成偏向保守、以效率為主的領導風格；而在新創企業或跨國組織中，則可能鼓勵開放討論、快速試錯，讓領導者發展出更具彈性與創造力的行為模式。

此外，同一個人換到不同組織、面對不同層級的團隊，他的領導行為也會自然改變。例如：你可能在總部擔任主管時習慣精細規劃、逐步執行；但當你被派駐到快速變動的分公司時，會學會以即時應變與授權為主的風格。

也因此，我們不能將領導行為簡化為個人偏好，而要放進整體脈絡來看。好的領導者不是只有一種風格，而是懂得調整行為，與環境動態互動。他們會主動觀察文化細節，從對話語氣、開會習慣、回報機制等微處著手，調整自己的領導表達方式。

領導行為也是自我認知的延伸

一個人怎麼帶人，往往跟他怎麼看待自己密切相關。你若把自己當成「總要出面解決所有問題的人」，你的領導行為就會偏向控制與介入；你若認為自己是「讓別人變得更好的人」，你的行為就會傾向鼓勵與賦能。

這也說明了，自我認知是領導行為形成的重要來源。許多領導者在成長過程中沒有真正面對「我為什麼想當主管」、

第二章　領導的全像圖：影響力如何形成

「我希望我帶出來的團隊長什麼樣子」這些問題，結果就容易陷入無意識複製過往經驗的循環中。

若你能花時間定期自問：我現在的行為是在傳達什麼價值？我希望大家從我身上學到什麼？我想創造什麼樣的工作氣氛？這些問題會幫助你將領導從「反應」變成「選擇」，讓每一個行為都更有方向感。

領導行為可以被拆解與練習

與許多人的直覺相反，領導行為其實可以像技能一樣被拆解與訓練。例如：什麼是有效的會議主持？如何給出具啟發性的回饋？遇到衝突時怎麼回應才能穩住情緒又不失立場？這些都不是天賦，而是可以透過模擬演練、情境討論與經驗反思來強化的能力。

現代組織訓練也越來越強調行為層次的訓練，而非只有觀念灌輸。像是設計「一週一次的觀察式回饋任務」、「主管互評日誌」、「影子教練制度」等，都能幫助領導者更有意識地管理自己的行為表現。

此外，透過數據化工具記錄自己在關鍵時刻的行為反應（例如回饋時的語氣、衝突處理時的動作選擇），也能幫助你建立一套個人行為樣貌的資料庫，從而找到進步空間與重複模式。

領導行為的背後，是價值與信念的展現

我們要理解，所有的領導行為都不是中性的。你怎麼看待人，就會怎麼對待人；你相信什麼是好團隊，就會用什麼方式經營團隊。行為的背後，其實是一套價值體系在運作。

例如：你相信「信任比控制重要」，你就會設計更多授權機會與對話空間；你若相信「效率優於包容」，你的行為就會傾向壓縮討論與加速決策。這些價值不一定對錯，但你必須知道自己在傳遞什麼，否則你的團隊會困惑於你的選擇與訊號。

因此，領導行為的進化，不只是表面上的改變，而是一場深入內在的修正過程。當你開始有意識地選擇每一個行為背後要傳遞的價值，你就會發現，自己不只是帶人做事，更是在透過每一次互動，塑造一個文化、一種信任，與一種你希望這個團隊成為的模樣。

第二章　領導的全像圖：影響力如何形成

第二節　任務型與關係型領導風格

領導風格影響你如何帶人與被感受

每一位領導者，都會在帶人的過程中展現出獨特的風格。有些人重視結果、效率與目標達成；有些人則強調團隊氛圍、情感連結與成員福祉。這兩種傾向，在領導理論中被分別稱為「任務型領導」與「關係型領導」。這不是在比較誰比較好，而是幫助我們理解：你的帶人方式，會直接形塑團隊的運作方式與心理氣候。

任務型領導者通常擅長設定目標、安排工作流程、監督進度與確保績效。他們的語言常聚焦在 KPI、流程優化、資源分配與效率提升上。相對地，關係型領導者則傾向花時間了解成員的需求與情緒，營造信任感與歸屬感，重視互動品質與協作關係。

心理學家布雷克與穆頓（Blake and Mouton）在管理方格理論中指出：有效的領導並非選擇任務或關係其一，而是要根據情境找到兩者的平衡點。一位成熟的領導者，能在緊迫任務下展現目標導向，在關鍵人際時刻提供情感支持。換言之，風格不是定型的，是可以調整的。

任務型領導：效率與成果為導向的推進力

任務型領導者的優勢在於，他們可以迅速釐清方向、整合資源、聚焦重點。他們往往是危機處理的高手，能在混亂中定義問題、分配責任、壓縮時程。例如：在產品上線的最後一週、面對重大專案投標或是處理突發危機時，任務型領導展現出來的果斷與明快，能給團隊一種穩定感。

然而，這種風格若運用過度，可能產生幾個問題。第一，成員可能感受到壓迫，缺乏參與感與自主性；第二，領導者容易忽略人際磨合與情緒成本；第三，若只在意「事情完成沒」，長期會讓團隊失去動力，甚至出現倦怠與人員流動。

因此，任務型領導者需要特別留意的是：不是放棄效率，而是在推動任務過程中保留「對人的關照」空間。可以是進度會議時多花三分鐘詢問團隊壓力；或在分派任務前先詢問各自當前負荷。這些小動作，能讓高要求不等於高壓。

關係型領導：信任與支持為基礎的陪跑者

關係型領導者擅長建立人際連結與團隊情感。他們懂得傾聽、理解、引導與鼓勵，擅長在組織內創造安全感與合作氛圍。這樣的領導風格特別適合在新團隊建立期、文化轉型期、或是高不確定性環境中運作，因為人們在情緒穩定時才

第二章　領導的全像圖：影響力如何形成

有餘裕創造與學習。

然而，關係型領導若沒有搭配清晰目標與責任框架，也可能產生執行鬆散、邊界模糊的問題。有些主管因為太在意維持和諧，反而不敢明確指派工作、不敢給出關鍵回饋，導致團隊缺乏進步機會與目標推力。

因此，關係型領導者需要學習如何「在溫度中帶出結構」，也就是：在關心中保有標準、在支持中提出要求、在傾聽後勇於決策。這樣的領導風格不會讓人感到被控制，反而會感受到「被看見，也被期待」，這是最有力量的領導狀態。

最適風格，來自你能否切換

現代領導學強調的不是選一種風格，而是發展「風格彈性」。也就是你能否根據任務需求與團隊狀況，自由切換行為策略。例如：在面對高績效但抗壓的成員時，用關係型建立信任；而在面對新進人員或進度延誤時，使用任務型協助聚焦與推進。

風格彈性不是要你變成兩面人，而是讓你有更多「處理選項」。這種靈活，不只是技術，更是一種心態。你願不願意為了團隊的成長去調整自己的慣性？你能不能承認現在的方式可能不適用當前的情境？這些都是成熟領導者的必經思考。

第二節　任務型與關係型領導風格

　　研究顯示，那些能根據情境進行風格調整的主管，其團隊滿意度、任務完成率與人員留任率，普遍高出平均主管約20%～30%。這說明：適當的風格切換，不只是表現上的策略，更是文化上的加分。

認識自己，也認識你的團隊

　　在選擇與調整風格之前，請先花一點時間理解自己與你的團隊。你天生偏好哪一種風格？你目前的團隊更需要什麼樣的領導方式？是衝刺目標還是重建信任？是建立制度還是凝聚情感？這些問題的答案會指引你調整步伐。

　　有些主管會發現，自己其實是任務導向型，但團隊剛歷經重整，需要更多情感陪伴；或發現自己習慣友善溝通，但目前專案進度需要明確進度管理。這些覺察，都是調整風格的前提。

　　最後要記得，風格沒有對錯，只有合不合時。當你不再執著「我是哪一型」，而是開始練習「我什麼時候該怎麼帶」，你就踏上了從風格限制走向風格自由的領導旅程。這是通往高效又有溫度領導力的真正路徑。

第二章　領導的全像圖：影響力如何形成

第三節　情境會改變一個人的領導表現

領導表現並非恆定，而是動態回應

許多人以為一個人一旦成為領導者，他的風格與表現就固定不變，彷彿是人格的一部分。但實際上，領導行為非常依賴當下的情境。從任務性質、團隊氛圍、資源多寡，到領導者本身的身心狀態，這些因素都會直接或間接地影響他的帶人方式。

舉例來說，一位主管平時可能相當開放，樂於傾聽團隊意見，但在面對緊急專案或高壓時程時，卻會轉為決斷快速、溝通簡潔甚至偏強勢。這不是性格變了，而是情境觸發了不同的領導需求。也因此，若我們用單一風格去評價一個領導者，往往會忽略他所處的現實條件與複雜背景。

從這個角度來看，領導不是一套固定的劇本，而是一種情境應對的能力。真正成熟的領導者，不是一直展現某種風格，而是能根據情境做出調整。他們不會盲目堅持「我一向這樣做」，而是會問：「現在的情境，要我怎麼做？」

領導風格的切換，來自對情境的敏感度

你是否能察覺團隊的心理狀態？你是否能讀懂當下任務的優先順序？你是否知道現有資源是否足以支撐預期目標？

這些問題的答案,決定了你是否有能力調整自己的領導行為。

領導學者赫西與布蘭查德(Hersey & Blanchard)提出「情境領導理論」,認為領導者應根據部屬的成熟度來調整行為,並將領導風格區分為指導、說服、參與與授權四種模式。這套理論強調的不是誰的風格好,而是情境需要什麼。

當成員經驗不足、任務陌生時,主管可能需要給出清楚結構與步驟(指導型);當成員有基礎能力但尚未完全認同任務時,則可用說服型提供方向與激勵;當團隊已具備自主能力,則應以參與和授權方式,讓團隊自己提出方案與負責執行。

這種靈活性不是投機,而是一種根據觀察調整策略的智慧。好的領導者不是追求一致性,而是追求適切性。

情境改變,會讓你的強項變成盲點

許多主管會發現:自己過去很有效的領導方式,在新的環境中卻變得不再管用。例如:一位在製造業體系成功的主管,到了創新導向的新創團隊,過去那套層級分明、流程為先的管理方式,可能會被員工視為僵化、缺乏彈性。

這並不是主管突然變差了,而是他沒看見「情境已經改變」。組織文化、產業特性、團隊組成,都可能讓你的優勢變成阻力。這時候若仍堅持原有做法,就容易出現所謂的「風格失靈」。

第二章　領導的全像圖：影響力如何形成

情境改變時，領導者需要做的不是急著解釋，而是先觀察與理解。例如：新團隊是否偏好共識決策？是否更看重情緒支持？是否習慣非正式溝通？這些線索將幫助你調整語氣、節奏與介入方式，避免把過去的強項變成現在的障礙。

領導表現與環境設計息息相關

除了人的狀態與任務本身，領導者的表現也會受到制度與文化的影響。換句話說，一個人在 A 組織表現平平，到了 B 組織可能會如魚得水，不是因為他變了，而是環境更適合他的行為展現方式。

像是有些公司鼓勵主管在早會中與團隊分享困難與反思，這樣的文化讓許多內向型主管也能自在表達與帶領；但若處在一個強調權威與完美的組織，這樣的主管可能會因為風格不被看見而失去發揮空間。

因此，我們不能只從個人角度來檢討領導表現，更要檢視制度是否支持多元風格、文化是否允許錯誤與學習、資源是否配合當前任務。這些都會深刻影響領導者的實際行為與效果。

成熟的領導力，是情境適應的能力

總結來說，情境會改變一個人的領導表現，而成熟的領導力不是一種定型的風格，而是「因時制宜、因人調整」的適

應力。你越能理解當下的挑戰、團隊的狀態、文化的脈絡，就越能調整自己的語言、節奏、決策方式與介入深度。

這份適應力不代表妥協，而是知道何時該堅持原則，何時該改變策略。它來自深刻的觀察力與反思力，也來自你對人的關心與對任務的承諾。

真正高段位的領導者，不是那種永遠站在前線大喊口號的人，而是能在不同情境中，成為團隊最需要的那種力量。不論是穩定軍心、指引方向，還是退一步讓人發揮，都是他展現領導力的方式。這就是領導在變動世界中的關鍵修練。

第二章　領導的全像圖：影響力如何形成

第四節　領導不在辦公室裡，而在互動中

領導不是職位，而是你與人互動的方式

許多人一旦升上主管職，便理所當然地認為「我現在是領導者」，彷彿頭銜自動賦予了影響力。但實際上，領導從來不是辦公室裡的職稱，而是你每天與人互動的過程。你怎麼說話、怎麼回應問題、怎麼處理衝突與錯誤，這些具體行為才是團隊成員真正感受到的領導。

在組織裡，有些主管坐在辦公室裡，依靠層級與權限做決策，但卻無法讓團隊產生信任與認同；反之，也有些並非高階主管的人，卻因為總是主動協助、穩定情緒、連結人與人之間的需求，被團隊視為真正的核心。這說明，影響力不在你的辦公室有多大，而在你與人之間的連結有多強。

心理學家艾德‧夏恩（Edgar Schein）曾指出，組織文化的建立關鍵在於「日常互動的樣態」。換句話說，你怎麼與人說話，就會形塑出團隊怎麼與彼此相處。領導不是發表演說，而是你走出辦公室時的每一句對話與每一個表情。

領導存在於每一次即時反應中

一位主管如何在走廊上回應成員的臨時提問，怎麼處理早會中的突發情緒、如何在咖啡機前關心團隊的狀態，這些

第四節　領導不在辦公室裡，而在互動中

日常中看似瑣碎的互動，才是形塑領導形象的關鍵時刻。

領導的力量，不是來自你準備好的簡報，而是你面對突發情境的真實反應。你是否能在對方失誤時給出建設性回饋？你是否能在壓力中保持尊重與清晰？你是否在與人互動時展現一致性與真誠？這些都是團隊觀察你、理解你、信任你的依據。

許多研究顯示，成員對主管的信任感，往往不是建立在年終評語或正式文件上，而是來自日常的互動經驗。換句話說，領導力不是事件式的展示，而是持續性的習慣行為。你每一次選擇「怎麼反應」，都是在累積或削弱你的影響力。

領導者要學會走進人群，而不是只靠制度

現代組織環境複雜且變動快速，靠制度與規範來管理團隊已不足夠。真正能帶動團隊動能的領導者，懂得走進人群，透過面對面的對話建立信任、澄清誤解與傳遞價值。

當你走進現場，你會看見報告中沒提到的細節、聽見簡報上沒呈現的情緒。這些資訊，都是你修正策略與優化管理的重要素材。更重要的是，當團隊看到你願意走近、傾聽與參與，他們會感受到自己的價值與被看重，進而提升投入感。

領導者常會說「我很忙，沒時間去關心那麼多」，但正因為你是領導者，所以你必須用時間去創造價值，而不是只用

第二章　領導的全像圖：影響力如何形成

權力去指揮。當你把互動當作重要工作的一部分，而非額外付出，你會發現整個團隊的回應會截然不同。

微互動，形塑你的長期領導影響力

我們常高估重大專案或公開演講對團隊的影響力，卻低估了日常微互動的累積效果。其實，成員對領導者的觀感，往往來自那些不經意的時刻。你是否記得對方的名字？你是否在繁忙中依然能誠懇問候？你是否在大家都壓力大時，說出一句安定人心的話？

這些小事，雖然不會立刻改變績效數字，但卻會默默影響團隊的情緒基調與向心力。長期下來，團隊會形成一種潛意識認知：「我們的主管是關心我們的」、「他不只看數字，也看人」──這些，就是你最深層的領導資產。

領導者可以練習設計這些微互動：每天固定花十分鐘在辦公區走動、每週一次主動找一位成員聊聊現況、或是在重要節點親自發出感謝訊息。這些行為的成本不高，但回報極大。你投資的不是時間，而是信任的存款。

領導力的本質，是在關係中發生的影響

最終我們會發現，領導不是你一個人可以完成的事，它是一段關係的產物。你如何影響他人，取決於你如何與他人

第四節　領導不在辦公室裡，而在互動中

建立關係。這些關係不是靠文件建立，而是靠一次次互動累積出來的信任、理解與承諾。

當你願意放下頭銜的優越感，走出辦公室，進入人與人之間的現場，你會發現領導變得更立體、更真實、更有回饋。你不只是傳遞指令的人，而是創造意義、連結情感、點燃信心的那個人。

這樣的領導方式，才會讓團隊願意跟隨你，而不是只是服從你。因為真正的領導，不是你站在辦公室門後的指揮，而是你走進人群、用行動與態度讓人願意與你同行。這，就是互動中的領導力。

第二章　領導的全像圖：影響力如何形成

第五節　領導力與績效的真實關聯

領導力不是額外加分，而是績效的根本動力

在許多組織中，「領導力」經常被視為主管個人特質或團隊文化中的「加分項目」，彷彿只要 KPI 有達成、數字漂亮，其他領導風格或情緒氛圍都可以次之。但事實上，領導力不是額外配備，而是直接影響績效的根本動力。缺乏有效領導的團隊，績效即使短期拉得起來，也無法長期穩定維持。

領導行為會影響團隊的士氣、專注力、目標一致性與持續性投入，這些因素才是績效能否穩定產出的核心。例如：一位只會壓 KPI、不懂帶團隊的主管，可能在短期內用高壓手段榨出成果，但團隊很快會出現離職潮、情緒耗竭與士氣低落，導致後期績效崩盤。

相反地，具備良好領導力的主管，能夠在目標推進同時兼顧團隊節奏，讓人不只是「做完任務」，而是「願意再努力一次」。這種願意額外投入的心理狀態，正是高績效團隊的關鍵特徵，也正是領導力的直接成果。

領導行為會影響工作動機與執行品質

根據美國蓋洛普（Gallup）研究，主管的領導方式占員工工作滿意度變異量的七成以上。換句話說，你怎麼帶人，決

定了團隊是否有動力、是否願意承擔、是否能把細節做到好。

若一位主管總是用命令取代溝通、用批評取代指導、用沉默取代肯定，那麼即使成員再有能力，也會在這樣的氛圍中逐漸變得消極與敷衍。因為他們心裡會想：「反正我做再多也沒人看到」、「我說了也沒人聽」，久而久之就只做最低標準。

而當一位領導者懂得設定清楚目標、給予資源支持、適時回饋與鼓勵，團隊成員就會感受到自己的努力是有意義的，工作的完成不再只是任務，而是一種自我價值的展現。這時候，品質自然提升，細節自然落實，績效也更容易達標。

領導影響的是團隊效能，而非個人英雄

很多主管誤以為績效來自自己的「火力」，例如自己多能衝、多能撐、多懂細節。但在現代組織中，真正穩定輸出成果的團隊，靠的不是主管一個人的火力，而是整個團隊能不能同步、接力與放大彼此的價值。

這也是領導力存在的核心：你能不能幫助整個團隊「運作得更順」，而不是你自己「做到更多」。你是否能讓人知道目標、知道怎麼做、知道怎麼修正、知道被看見。這些系統性的支持，才是領導者創造績效的真本事。

哈佛大學的研究指出，主管的行為若能促進「心理安全感」、鼓勵「主動發言」與「跨部門協作」，團隊的創新能力與

第二章　領導的全像圖：影響力如何形成

執行效率會顯著提升。而這三項指標，恰恰都是領導力展現的具體結果。

領導者如何做，會帶出怎樣的績效循環

一位主管若習慣用威脅與恐懼管理團隊，會讓成員陷入防禦與回避；而若主管用信任與參與領導團隊，則能帶動承諾與創新。這些行為會逐步累積成績效的「正向循環」或「惡性循環」。

舉例來說，一個被激勵、被支持的團隊，在面對挑戰時比較會說「我們來想辦法」，而不是「這不關我的事」。這種態度上的差異，會轉化成具體的數字差異。因為面對錯誤時，主動修正會比推卸責任更快復原；執行過程中，相互幫忙比各做各的更容易加速。

領導者每一次選擇如何對話、如何介入、如何處理失誤，都是在設計一種績效文化。當你選擇建立信任、尊重與明確期待，你就是在為整個團隊打造一條能長期穩定運作的績效路徑，而不只是賭一時的成果。

真正高績效的團隊背後，一定有好領導

從實務角度來看，幾乎所有長期穩定產出的高績效團隊背後，都有一位具備關鍵領導力的主管。他不一定是最聰明

第五節　領導力與績效的真實關聯

的那一個,也不一定最資深、最強勢,但他一定是最懂得「怎麼讓一群人發揮出最好版本」的人。

這位主管可能不是一開始就完美,但他懂得傾聽、調整、反思與陪跑。他知道何時該介入,何時該放手;他知道什麼時候該用數字說話,什麼時候該用情緒連結。他不只追求任務完成,更在乎成員是否成長、團隊是否進化。

這樣的領導力,就是高績效最可靠的保證。不是因為主管能做多少事,而是他能讓多少人一起變得更好。當你把領導力當作績效的基礎,而不是附加選項,你就會開始真正理解:領導做得好,數字自然會說話。

第六節　管理能力與人格特質的交集

領導效能來自能力與特質的搭配

領導力的發揮，不只是技巧問題，也牽涉到個人特質。有些主管天生冷靜理性、擅長組織與規劃，有些人則感性細膩、擅長與人連結。這讓人不禁想問：是什麼樣的人格特質，才適合當一位好的領導者？

事實上，沒有一種「最佳人格」適合所有領導情境。研究發現，真正影響領導效果的關鍵，不是你天生是誰，而是你能否將自己的特質與所需的管理能力做出良好的搭配。例如：一位內向型主管若能建立有效的一對一溝通機制、學習用文字傳遞鼓勵，就能補足不擅公開演說的弱點；而一位外向型主管若能加強聆聽與記錄細節的能力，也能避免因過度熱情忽略成員真實感受。

換言之，特質只是起點，行為才是關鍵。你可以透過訓練與反思調整行為，讓你原有的特質發揮優勢、減少盲點，這正是成熟領導者的自我修練。

大五人格與領導行為的連結

心理學中的「大五人格模型」（Big Five）將人格分為五個向度：外向性、開放性、嚴謹性、宜人性與情緒穩定性。這

五個向度在領導行為中都有相對應的影響力。

舉例來說，外向性高的領導者通常表現出較強的溝通力與激勵力，適合快速建立團隊氣氛；而開放性高的主管較能接受新觀點、推動創新變革。嚴謹性則影響你的目標設定與執行穩定度，宜人性則與團隊的合作氛圍息息相關；情緒穩定性則決定你在高壓時刻是否能穩住全局。

這些人格向度並非優劣區分，而是你在帶領團隊時的「反應傾向」。認識自己的向度，可以幫助你預測自己在哪些情境容易出現過度反應、在哪些領域可以自然發揮，進而進行更有策略的行為調整。

管理能力可以培養，特質也能覺察調整

許多主管會把自己某些不理想的行為歸因於「我個性就這樣」，例如「我就是急性子，所以常打斷別人」或「我比較害羞，不擅長公開表達」。但這種想法其實忽略了一個重點：雖然個性傾向難以完全改變，但行為可以練習，習慣可以重塑。

像是急性子的主管，可以透過會議設定明確流程與發言輪次，減少不自覺插話的機會；不擅言詞的主管，可以預先準備簡短開場語，或透過事後書面回饋建立信任。只要願意有意識地觀察自己並設計行為，就能在不改變核心特質的前提下，讓管理更有效。

第二章　領導的全像圖：影響力如何形成

同樣的，組織也應該理解並接納不同特質的主管風格，提供彈性的培訓方式與資源，例如開放不同形式的回饋平臺、提供個別教練輔導、設計因人制宜的績效評估。這樣的做法，能讓每種風格的主管都能找到適合自己的發展路徑。

領導者最需要的是自我認知能力

不論你的管理技巧多好、履歷多漂亮，如果你無法看清自己的特質與行為模式，那麼你的領導力就始終會有看不到的天花板。因為很多時候，問題不在於技術不到位，而是你在無意間用錯了方式對待人。

舉例來說，一位高嚴謹性的主管，可能習慣掌握所有細節，但卻不知自己已讓團隊感到壓迫；或是一位過度開放的主管，雖然讓大家很有空間，但卻無法給出明確方向，造成決策拖延與責任模糊。這些領導失誤的背後，其實都是對自身風格認知不足所造成的。

因此，領導者最該投資的，不只是上管理課，而是建立一套自我覺察系統。包括情緒覺察、行為回顧、回饋接納與價值盤點。當你愈清楚自己怎麼影響他人，就愈能決定自己想成為什麼樣的領導者。

結合管理能力與人格特質,打造屬於你的領導風格

　　領導者要走向成熟,不是變得跟誰一樣,而是找到屬於自己的那條領導路徑。這條路徑來自你真實的個性、你努力培養的管理技能、你不斷修正的行為模式,以及你對人與組織的深刻理解。

　　這不是一朝一夕能完成的事,而是一場持續的統整與修練。當你能接受自己本來的樣子,也願意為了更有效帶人去做調整,領導力才會變成一種自然發揮,而不是刻意模仿。你會知道什麼時候該堅持,什麼時候該妥協;你會知道什麼事情自己擅長,什麼則交給團隊發揮。

　　這樣的領導,不只高效,更有深度。因為它不來自你學會了多少技巧,而來自你整合了自己的一切,成為一位真誠、穩定、具備穿透力的領導者。

第二章　領導的全像圖：影響力如何形成

第七節　領導者如何引導組織變革

組織變革是領導者的試金石

在組織運作的過程中，變革幾乎是無法避免的過程，無論是內部結構調整、策略轉向、流程優化，或是外部環境壓力帶來的轉型壓力，領導者都必須面對如何帶領團隊走過這段不確定與混亂的過渡期。此時，領導者的角色就不再只是管理日常，而是啟動變革、穩定人心與重塑方向的關鍵推手。

組織變革的成功與否，很大程度取決於領導者能否建立明確願景、傳遞改變意圖、回應團隊疑慮並設計可落實的行動計畫。這不只是溝通技巧的挑戰，更是心智彈性與情緒承載力的考驗。因為在變革期間，成員的不安、懷疑甚至抗拒情緒會被放大，而領導者的態度與做法將成為影響全局的槓桿。

成功的變革領導者不會只在辦公室制定計畫，而是會走入現場，傾聽聲音、理解阻力，然後在細節中微調策略。他們不會一味堅持計畫原樣執行，而是能動態修正、靈活因應，讓團隊看見希望、感受到被帶領的穩定感。

傳遞清晰願景是變革的起點

在變革初期，最常見的問題就是方向模糊與溝通落差。成員常常會問：「為什麼要改？改了會變好嗎？那我們之前做的

都白費了嗎？」這些質疑若未被回應，會轉化為抗拒與被動。

因此，領導者在變革啟動時的首要任務，是傳遞一個清楚、有意義且與團隊有關的願景。不是空泛口號，而是具體描繪出「我們要去的地方」、「改變後會更好的理由」、「每個人角色會如何轉變」。這樣的願景能提供方向感，也能減少成員的焦慮。

有效的變革願景還必須具備兩個特質：第一，是要讓人相信它「做得到」，也就是具備可執行性與階段目標；第二，是要讓人覺得「值得做」，也就是與組織核心價值與個人使命連結。當你不只是說明「要做什麼」，而是讓大家看到「為什麼值得一起做」，團隊才會真正啟動變革的動能。

變革過程需要設計節奏與回饋點

變革最怕的是拉得太長、看不到進展。當人們感覺不到變化帶來的實質好處，就會開始質疑、退縮甚至敵對。因此，領導者必須像設計行銷活動一樣，為變革流程設定明確節奏與回饋機制。

這包括：設定短期可達成的「小勝利」目標、階段性的成果展示、定期的團隊討論與 Q&A 時段。透過這些節點，讓團隊不只是被動等待結果，而是在每一步中都有參與感與回饋感，進而維持持續推進的意願。

第二章　領導的全像圖：影響力如何形成

此外，回饋機制也能幫助領導者掌握現場真實感受。很多變革失敗並不是策略錯，而是中間有許多未被發現的微小誤差。透過回饋管道的設計，領導者可以即時修正腳步，也能讓團隊感受到「我們是一起做這件事」，不是被命令做事。

領導者需要承接情緒，創造心理安全感

在變革中，最常被忽略的不是流程設計，而是情緒管理。人們對未知本能地會產生不安，而若領導者在面對質疑與擔憂時，選擇忽視或反駁，只會讓團隊更快進入對立狀態。

好的領導者會主動承接情緒，也就是願意聽見不安、承認難度、陪伴過程，而不是急著說服或粉飾太平。例如：在推動制度改革時，先舉辦一場讓成員自由發問的交流會，不急著解釋，而是聽大家說完。這樣的做法不只是傾聽，更是一種建立心理安全感的策略。

當成員感受到「我的擔憂被理解了」、「我的聲音有價值」，他們反而更願意參與改變。因為他們知道自己不是被拋下，而是被一起帶著走。這樣的情緒承接能力，才是讓變革走得長久的關鍵。

引導變革是一場長期陪跑，而不是一次衝刺

組織變革不是一次性的專案，而是一段可能歷時數月甚至數年的旅程。這段旅程中，領導者不只要當指揮官，也要當陪跑員，要能在團隊失速時重新拉回，在氣氛低迷時重新點燃，在方向模糊時重新聚焦。

這意味著，領導者不能只在啟動會議上出現，講完願景就退場。而是要持續出現在各個階段、透過不同形式的參與展現承諾，例如定期舉辦回顧會、親自回應重要疑問、在專案失誤時出面承擔等。這些具體行為，會讓團隊知道：「這不是一個口號性的變革，而是一場真的有人陪著我們走的路」。

當領導者用行動陪跑，而不是用職權命令，變革才會從計畫變成文化。因為大家會在這個過程中，學會怎麼一起面對不確定、怎麼互相支持、怎麼從一開始的焦慮走向後來的自信。這，才是領導在變革中最深的價值。

第八節
領導的文化基因：不同行業不同風格

領導風格不只看個人，也取決於產業文化

當我們在談領導時，容易把焦點放在個人特質、經驗或技巧，但實際上，一位領導者的行為風格，很大程度受到他所處產業與組織文化的影響。換句話說，不同行業的「文化基因」會形塑不同的領導期待與表現方式。你不能用科技業的敏捷風格去評價製造業的穩定風格，也不能用非營利組織的關係導向去要求金融業的風險控管標準。

舉例來說，在科技新創產業，領導者通常需要展現高度彈性、快速決策與創新思維。他們必須能夠擁抱模糊、不怕失敗、擅長從混沌中找到突破點。這樣的文化要求領導者具備高容錯度與極強的適應能力。而在醫療或航空這類高風險產業中，領導風格則傾向制度化、強調標準作業與風險控管，因為任何一次錯誤都可能帶來重大損失。

文化不是限制，而是指標。當你理解了你的產業文化對領導者的期待，你就能更清楚知道該發展什麼能力、該調整哪些行為。這讓你的領導風格不只是個人選擇，而是與組織脈絡契合的策略選擇。

高度創新的行業需要啟發型領導

在設計、科技、行銷與媒體等高度創新導向的產業中，領導者往往被期待能夠激發想像力、鼓勵冒險與擁抱不確定。這些產業的核心任務是「創造新的價值」，而非僅僅執行流程，因此若用太多命令與監督來帶領團隊，反而會壓抑創意與主動性。

這些領導者多半採取「啟發式領導」風格，擅長提出開放問題、搭建對話空間、鼓勵試錯並包容失敗。他們的權威來自於思維的前瞻性與視野的開展，而非傳統意義上的資歷與控制力。例如：在一個設計團隊中，主管的角色不是給答案，而是引導問題；不是監控進度，而是釋放可能性。

這種風格的挑戰在於需要極高的信任基礎與透明度。當你選擇讓團隊自己走出解方，你就必須給予相對的空間與支援，同時也要承擔風險與不確定性。領導者必須具備心理素養與系統思維，才能在創新與失敗之間拿捏分寸，維持組織的創造力與穩定性。

高度規範的行業強調紀律型領導

相對地，在金融、醫療、製造與工程等高度規範的產業中，領導風格則偏向紀律型與任務導向。這些行業強調制度正確性、風險控管與精密執行力，因此主管不只是管理者，

更是品質把關者與流程設計者。

這樣的領導風格要求清晰的權責劃分、標準作業流程的遵循,以及明確的回報與檢核機制。例如:在製藥公司中,主管需要確保試驗過程的每一個步驟都被記錄與稽核,以符合法規標準;在航空維修部門,領導者的責任不只是激勵團隊,而是確保沒有一個螺絲鬆動。

這樣的文化會讓領導者在決策上偏保守、在行為上偏細緻,也更重視紀律與規範。一旦有錯誤發生,往往會進行嚴格追蹤與檢討,這也讓主管承擔更高的責任壓力。

但這不代表這些行業的主管無法展現人性或創意,而是要在規範之內找到領導的溫度與彈性,例如在人事安排上提供彈性排班、在流程優化中鼓勵團隊提出改善建議。這些都是在紀律架構中發揮領導力的方式。

人本關係導向的行業注重情感領導

在教育、社福、醫療照護與非營利組織等強調人際連結與服務精神的行業中,領導風格往往強調共感力與關係經營。這些產業的價值主軸是「人」,因此領導者的角色不只是任務推進者,更是情緒調節者與文化引導者。

這類領導風格重視團隊間的信任建立、情緒支持與價值對齊。領導者常需要處理非理性因素,例如工作倦怠、使命

失衡、價值衝突等問題，這要求他們具備高度的敏感度與陪伴能力。例如在一間安寧照護機構中，主管不只要排班與督導，更要面對成員在面對生離死別後的心理壓力與情緒負擔。

這樣的行業裡，領導者不見得天天談數字與效率，而是要建立「一種可以照顧彼此的文化」。這種文化不只讓團隊有凝聚力，也能在高情緒消耗的工作中找到支持系統。

領導風格要與文化共振，而非逆勢操作

很多領導者在跨行業轉職或接手新部門時會發現：「我在前一個部門的方法不靈了」，這不是你變差了，而是文化基因不同。你過去的做法在舊環境是優勢，但若未調整就照搬，可能會變成新環境的阻力。

因此，成功的領導者會先觀察與理解所處產業的文化特性與歷史脈絡，然後再決定如何調整自己的行為模式。不是放棄自我風格，而是找到「如何以我的風格與這裡的文化共振」的方式。

這種文化敏感度，是領導者跨場域發展的關鍵能力。當你能根據產業屬性、團隊習慣與成員特性做出風格微調，你就不再是「在自己的領域強」，而是「能適應多元情境的領導者」。這樣的適應力與整合力，才是未來領導力真正需要的核心能力。

第二章　領導的全像圖：影響力如何形成

第九節　現代領導者的四個核心角色

領導者不再是單一身分，而是多重角色的整合

在過去，領導者常被期待是決策者、指令下達者，甚至是權威的象徵。但在今日快速變動、多元世代共處的組織中，單一身分的領導者已經無法有效應對複雜情境。現代領導者必須扮演多重角色，才能同時兼顧方向、人心、執行與學習。

根據全球多家領導力發展機構的研究，以及哈佛商學院對數百位高績效領導者的訪談整合，現代領導者最重要的四個核心角色包括：導航者、橋接者、賦能者與鏡子。這四個角色不只是功能區分，而是領導者在面對不同挑戰與場景時，必須能靈活切換的身分狀態。

每一個角色都對應一種關鍵能力與意識：導航者關注方向與策略；橋接者負責連結關係與資源；賦能者激發潛能與動能；鏡子則代表自我覺察與團隊反思。理解這四個角色，有助於領導者不再只依賴單一強項，而能有系統地發展全方位影響力。

導航者：為團隊指引方向與策略重心

導航者是所有領導者的第一要務。沒有方向，再努力都是白費。導航者的責任，是在充滿雜訊與不確定的環境中，幫助團隊看見值得前進的目標、劃定清晰的優先順序，並協助大家對齊資源與行動計畫。

要成為有效的導航者，領導者必須具備三項能力：策略思考力、問題定義力與資源整合力。他們能在混亂中抓出本質，在選項中挑出可行之路，並在有限時間內制定出一條所有人都能理解與支持的前進路線。

舉例來說，一家面臨市場轉型壓力的企業中，高效領導者不會只是告訴團隊「撐下去」，而會具體說明：「我們接下來要集中資源在哪些專案、預期三個月後會看到什麼轉變、每個人角色會怎麼改變」。這樣的導航，不是抽象口號，而是讓大家看見希望與路徑的實際做法。

橋接者：連結人際關係與跨部門資源

現代組織越來越扁平與跨功能合作，這也讓領導者扮演橋接者的角色變得日益重要。橋接者的任務，是串接不同人與單位之間的理解與資源，協助消除誤解、整合目標與促進合作。

在實務中，橋接者可能需要調和業務部門與技術部門的

第二章　領導的全像圖：影響力如何形成

語言差異，協助行銷與產品團隊對齊市場訊息，也可能需要在上層決策與第一線執行之間扮演翻譯者的角色。這些看似「溝通」的小事，往往是決定專案成敗的關鍵。

一位強大的橋接型領導者，不只會說話，更會傾聽。他們善於從不同角度理解需求與困難，並運用影響力化解衝突，促成共識。他們的存在，使得組織不是各自為政的島嶼，而是資源可以流動的有機體。

賦能者：激發團隊潛能與責任感

賦能者是讓團隊成員不只執行命令，而能主動參與與承擔的關鍵。當領導者懂得如何釋放權力、提供資源與信任，團隊的動力將不再依賴外部督促，而會內化為自我驅動。

有效的賦能者懂得「放手但不放任」。他們會設定明確界線與目標，但也會讓團隊決定做法。他們提供回饋與支持，但不搶走決定權。他們鼓勵創新與錯誤的學習，讓夥伴在實作中累積信心與能力。

這樣的賦能行為會提升團隊的主人翁意識，也會讓團隊在變動中更具彈性與韌性。因為當每個人都覺得「這也是我的任務」、「我可以提出更好的方法」，整個組織的執行力就會變得更強大與持久。

鏡子：促進反思、調整與文化塑造

鏡子角色是最容易被忽略，卻是最高階的領導角色。鏡子代表一種「照見真實」的能力，讓領導者與團隊可以看清自己目前的狀態、行為與成效，進而做出有意識的調整與學習。

作為鏡子的領導者，會主動建立回饋文化，邀請團隊說真話，也勇於承認自己的錯誤與盲點。他們不怕被質疑，因為他們知道只有透明與誠實，才能推動真正的進步。他們也會用數據、觀察與提問，協助團隊檢視自己的慣性與可能性。

在鏡子的引導下，團隊會學會自我修正、自我對齊，不再依賴外部鞭策，而能形成一種內部成長機制。這也是從「主管要求我做」進化到「我知道我為什麼做」的關鍵跳躍。

結合四種角色，發展立體領導力

導航者、橋接者、賦能者與鏡子，這四個角色不是互斥的，也不是依序發展的，而是根據情境不斷切換與融合的能力結構。一位優秀的領導者，會在面臨不確定時成為導航者，在跨部門合作時成為橋接者，在團隊低落時成為賦能者，在轉型階段成為鏡子。

領導力從來不是一個公式，而是你如何整合多重角色、運用不同能量的能力。當你不再只扮演主管，而是能根據需求切換角色，你的領導影響力就會變得更全面、更具穿透力，也更能在變化的時代中穩住團隊前行的節奏。

第二章　領導的全像圖：影響力如何形成

第三章

領導力可以測：
不是只能靠直覺

第三章　領導力可以測：不是只能靠直覺

第一節　為什麼我們需要測評領導力？

領導不該只靠直覺來判斷

在多數組織中，「誰是好主管」這個問題，往往是靠感覺來決定的。某人講話有自信、帶人看起來順利、常被上司稱讚，就會被認為是有領導潛力的人。但這樣的直覺判斷，雖然快速，卻常常忽略了更深層的行為模式與潛在風險。

領導力的展現不只是外在氣場或短期表現，而是涉及許多內在素養與行為一致性。它包含如何處理壓力、如何與人互動、如何應對複雜問題與推動變革。這些能力若沒有被具體觀察與評估，就容易讓錯誤的人被升上關鍵職位，甚至形成高職位低影響的「空殼主管」。

因此，現代組織越來越重視導入科學化的「領導力測評」系統。這些測評工具不只是打分數，更是一種有系統的觀察與學習方法，協助我們從多面向了解一個人的領導行為與潛力。當我們能用測評補足直覺的盲點，就能讓選才、育才與升遷更公平、更有效。

領導測評能協助辨識潛力與盲點

在升遷或選任主管時，我們常仰賴過去績效數據作為判斷依據。但績效只能反映一個人在當下角色的成果，卻無法

保證他在更高階主管位置上也能勝任。這就是所謂的「彼得原則」：一個人會被提拔到他無法勝任的程度。

領導測評可以協助我們跳脫績效的迷思，去觀察一個人是否具備轉換角色所需的能力。例如：一位高績效業務主管，在轉任為管理職時，可能會因無法放下個人工作習慣、不懂如何分工與授權，反而導致整個團隊績效下滑。透過測評，我們可以預先辨識這些潛在風險，設計適當的訓練與轉任策略。

此外，測評也能協助主管了解自己的盲點。許多領導者並不清楚自己在下屬眼中是怎樣的人，或是哪一些行為影響了團隊氣氛。透過結構化的回饋與測驗，這些無意識的行為模式就能被看見與修正，進而提升領導效能。

科學化的測評有助於人才決策的公平性

在傳統文化中，「提拔誰」常常跟人際關係、資歷、印象分有很大關聯。但這樣的方式不僅容易引起內部不公，更可能錯過真正有潛力的人才。科學化的領導測評，可以提供更客觀的依據，讓人資與主管能以資料與行為為基礎做出決策。

例如：在人才盤點過程中，透過測評工具，可以快速了解不同候選人在決策能力、情緒穩定度、團隊引導能力上的差異，並結合發展潛力與文化適配度做綜合判斷。這樣的決策方式比單純面談或資歷排序更具說服力，也能讓團隊感受到組織選才的透明與專業。

第三章　領導力可以測：不是只能靠直覺

更重要的是，測評結果也能成為後續教練與發展計畫的依據，讓被選中的主管知道「我接下來要加強什麼」，而不是只是被告知「你被選上了」。這種基於數據的領導發展，能讓組織真正建立起一套可預測、可調整的領導力養成機制。

領導力不是天賦，而是一種可觀察與養成的行為

很多人對領導的誤解來自一種錯誤觀念：「領導是天生的，有些人就是天生會帶人。」但實際上，領導力是一連串可以被觀察、練習與改善的行為集合。它不是「你是不是有魅力」，而是「你在面對人與任務時，做出哪些行為」。

測評的意義正是協助我們把這些抽象的行為具體化、結構化。例如：你面對衝突時的反應模式、你如何做決策、你處理部屬情緒的方式、你在壓力下是否穩定。這些都可以透過問卷、觀察、模擬演練、360度回饋等方式被評估與討論。

當你了解自己的領導行為是怎麼來的，就能更有意識地做出調整與選擇。領導不再是一種模糊的「特質」，而是你每天可以刻意練習與優化的技術。而測評，就是這段學習歷程的起點。

建立測評文化，才能培養長期領導力

真正高成熟度的組織，不只是在關鍵決策時使用測評，而是將它內化為一種文化：不只是為了升遷或考核，而是持續用來自我覺察與團隊優化。

例如：每季進行一次主管回饋輪詢，或針對特定行為設計觀察工具、每年以 360 度測評做為團隊對話起點。這些制度讓領導不再只是「誰說了算」，而是一種可以被討論與改進的能力。

這樣的文化會讓組織中的每一位領導者都知道：我不是做得好才有人說，而是我願意被看見、被回饋、被修正，才有可能成長得更快。當你把測評當作學習，而非審判，真正的領導養成之路才會開始。

所以，我們需要測評領導力，不是因為不相信人，而是因為我們更相信 —— 好的主管可以被發現，也可以被打造。

第二節
如何建立一套領導行為測評系統？

測評系統的目的：讓觀察變得具體可操作

很多組織雖然知道領導很重要，但在實際選才與育才時，仍然只能憑感覺行事，原因是缺乏一套具體且一致的觀察依據。建立一套領導行為測評系統，就是為了讓這些原本抽象的「觀察與感受」轉化為可量化、可比較、可追蹤的資料。

這樣的系統不是為了標籤誰好誰壞，而是要協助組織回答幾個關鍵問題：我們組織目前需要什麼樣的領導行為？我們要如何辨識這些行為？我們如何幫助主管在這些行為上進步？

當你能從這些問題出發，就不會只是買一份現成問卷或模仿別人的測評流程，而是會設計一套真正符合自己文化與發展需求的系統。這樣的系統，不只評估現在的能力，更能指引未來的成長方向。

建立行為模型是系統設計的第一步

一套好的領導測評系統，必須從清楚的「領導行為模型」開始。這個模型要能定義出什麼是你所期待的好領導者行為，並將這些行為拆解為具體可觀察的指標。

第二節　如何建立一套領導行為測評系統？

例如：若你的組織重視跨部門合作，那麼你可能會將「促進合作」設為一個核心指標，並進一步拆解為：是否主動連結資源、是否善於化解衝突、是否能協助不同角色達成共識。這樣一來，評估就不會停留在「感覺這個人很會溝通」，而是能用具體行為來對話與回饋。

好的行為模型要能涵蓋三個層次：知識（知道什麼是好行為）、態度（是否願意這樣做）、與行為（實際有無這樣做）。當你有了清楚模型，才能發展出一致性的測評工具與回饋方式。

多元資料來源讓測評更全面

領導行為很少能只靠一個角度觀察完整，因此有效的測評系統必須結合多元資料來源，包括自我評估、直屬主管觀察、平行同仁與下屬回饋，甚至可以加入客戶或跨部門夥伴的觀察。

這樣的「360度回饋」能避免單一視角的偏誤，也能幫助被評估者看見「我以為我做到了」與「別人實際感受到的」之間的落差。尤其在團隊氣氛與人際互動這些主觀領域，多角度觀察更能呈現真實樣貌。

此外，也可搭配情境模擬、工作觀察、領導日誌與焦點訪談等質性資料，讓系統不只是冷冰冰的問卷數據，而是兼具行為脈絡與動機理解的完整評估架構。

第三章　領導力可以測：不是只能靠直覺

測評工具的選擇與在地化設計

市面上雖有許多標準化測驗工具，但真正有效的系統應結合組織文化與語言脈絡進行調整。例如：有些外部測評工具使用的術語與問句，可能在臺灣企業文化中產生誤解或抗拒。

因此，組織若有能力應投入資源設計客製化工具，或至少針對現有工具進行「語境本土化」處理。這包括：重新撰寫題目語句、調整評分標準、設計與公司價值一致的案例題等。這些調整能讓使用者更容易理解、願意投入，也讓測評結果更具實用性。

此外，在實施流程上，也需考量信任感的建立。例如：在測評開始前辦理說明會、清楚交代資料用途、強調不是考核而是學習等，都有助於減少防禦性與誤解，提升測評的接受度與真實性。

系統設計的最終目標是支持發展

一套測評系統若只有評量功能，而沒有後續發展機制，那它頂多是一份報告，而非成長的工具。因此，好的系統應該設計「從資料到行動」的整合路徑。

這可以包括：每份測評報告後都安排一次教練對話、設定行為改進目標、設計短期行動實驗、安排後測與追蹤機制

等。甚至可以發展出「領導行為成長地圖」，讓每位主管清楚知道自己目前在哪個階段、接下來該強化哪些面向。

當一套系統不只是用來選才與評鑑，而是讓主管們覺得「這是幫助我變好的工具」，那麼它就不再是負擔或壓力，而是每一位領導者願意投入的自我精進資源。這正是一個成熟組織培育領導力的核心關鍵。

領導行為評測系統流程設計

一、系統建立目的與原則

目的：建立一套可量化、可追蹤、可對話的領導行為觀察機制，以支持組織選才、育才與領導力發展。

原則：

(1) 從行為出發、非人格貼標。

(2) 重視組織脈絡與文化適配。

(3) 以多元資料來源為基礎。

(4) 測評結果需導入實際發展機制。

二、流程概述

(1) 建立領導行為模型

(2) 設計評測工具與語境在地化

(3) 進行多元資料收集

(4) 進行測評回饋與行為地圖繪製

(5) 設計後續發展計畫與追蹤

第一階段：建立領導行為模型

目標：定義組織所期待的具體領導行為，拆解為可觀察項目。

步驟：

(1) 高階主管訪談＋焦點團體座談（發掘核心價值與期待行為）。

(2) 彙整出 3～5 個核心行為面向（如：協作領導、決策思維、團隊培育等）。

(3) 每個面向下拆解為 3～5 個具體行為指標，並以「知識、態度、行為」三層次描述。

實例：

面向：「促進協作」

- 指標 1：主動協調跨部門資源
- 指標 2：處理衝突時採取雙贏策略
- 指標 3：有意識地建立信任感

第二階段：設計評測工具與本土語境轉化

目標：建構本土語境適用的測評工具，避免照抄國外量表。

步驟：

(1) 根據行為模型，設計客製化測評問卷與行為描述題（避免抽象語句）。

(2) 使用「行為事件訪談法」(BEI) 撰寫模擬情境題。

(3) 若導入外部測驗工具，需進行語境轉譯與文化敏感度測試。

建議工具組合：

◆ 領導360度回饋問卷（主管、同儕、下屬、本人）
◆ 情境判斷題 (Situational Judgement Test, SJT)
◆ 行為事件訪談 (BEI)
◆ 主管日誌（連續4週記錄具體領導行為）
◆ 同儕交叉觀察報告 (Peer Rating Form)

第三階段：多元資料來源蒐集

目標：建立360度資料結構，避免單一觀點偏誤。

資料來源設計：

- 自評：填寫行為量表、自我反思寫作。
- 主管評估：基於觀察紀錄進行行為打分。
- 同儕與下屬回饋：提供具體行為觀察與範例。
- 顧客或合作單位：簡式回饋表單（針對外部合作關係）。
- 質性補充：情境模擬演練、領導對話紀錄、觀察日誌。

第四階段：測評結果分析與行為地圖繪製

目標：視覺化呈現每位主管的行為強項與待發展面向。

成果產出：

(1) 行為雷達圖（呈現各指標強弱分佈）

(2) 差異分析報告（自評與他評落差圖）

(3) 關鍵成長建議（依據數據結合簡報教練回饋）

第五階段：發展規劃與追蹤設計

目標：將測評轉化為具體行動與能力發展歷程。

設計步驟：

(1) 一對一回饋教練（聚焦行為差距與自我理解）

(2) 訂定個人行為發展目標（例如：半年內提升「跨部門協作」行為表現）

(3)設計短期實驗（如：帶領跨部門專案、進行一次跨單位對話會議）

(4)指派行為觀察員（由 HR 或主管定期觀察記錄）

(5)進行後測與對照分析（每 6 個月更新一次行為雷達圖）

系統實施注意事項

(1)導入前說明會：向全體主管清楚傳達系統目的與非懲罰性質。

(2)資料保密原則：強調個人資料不作為績效考核依據。

(3)推動節奏建議：第一年聚焦「行為觀察訓練」，第二年才全面導入 360 回饋與教練制度。

(4)系統性人才盤點機制：每年進行一次團體評測盤點，作為晉升與發展策略依據。

領導行為模型說明書（範例）

面向一：促進協作（Fostering Collaboration）

定義：領導者主動促進部門間的溝通與資源整合，營造信任氛圍以促進共同目標達成。

第三章　領導力可以測：不是只能靠直覺

行為指標	知識面描述	態度面描述	行為面描述
協調資源	了解內外部可用資源的分布與特性	樂於主動連結他人以創造更大整體效益	會主動建立跨部門資源共享機制
化解衝突	熟悉衝突管理理論與溝通技巧	願意傾聽雙方需求、追求雙贏	面對衝突時能有效居中協調、提出具體解法
建立信任	了解心理安全感與團隊信任的理論基礎	願意展現透明與脆弱以促進信任	會定期舉辦開放性討論、回應團隊關注

面向二：決策思維（Decision Mindset）

定義：能以數據為基礎、兼顧風險評估與情境判斷，做出有效決策。

（其餘面向依此格式擴充）

360 度問卷題項設計示範

面向：促進協作

請依下列項目對被評估者的行為頻率進行評估（1 從不，2 偶爾，3 有時，4 經常，5 總是）。

(1) 主動邀請他部門人員參與本部門會議或討論

(2) 在專案初期就提出跨部門協作建議

(3) 針對衝突能提出兼顧雙方立場的解法

(4) 定期主動關心團隊成員之人際互動狀況

(5) 能讓不同部門成員感受到其公平與尊重

總分區間	表現層級	解釋
23～25 分	優異	積極促進協作，展現高度跨部門合作與人際敏感度，為團隊合作楷模。
19～22 分	良好	經常展現協作行為，具備一定程度的跨部門合作能力與人際關懷，表現穩定。
15～18 分	普通／尚可	有一定協作意識，但仍有待提升行動一致性與跨部門溝通能力。
10～14 分	待加強	協作行為出現不穩定，缺乏主動性，可能影響團隊整體合作效率。
5～9 分	需立即改善	極少展現協作行為，可能造成團隊溝通與跨部門協作障礙，建議進行個別輔導或行為改善計畫。

開放式問題（供補充觀察）

◆ 請舉一個你觀察到該主管展現良好協作領導的具體事例。

◆ 若你有建議其在促進協作上可以改進的行為，請具體描述。

第三節
評估誰適合升主管,不只是看績效

績效好,不等於適合當主管

在大多數企業中,升遷主管最常見的依據就是「績效表現」,也就是看這個人在目前職位上的工作成果是否出色。但事實上,績效與領導能力之間,並沒有絕對正比的關係。一個人能把事情做好,並不代表他就能帶領他人也做好。

這樣的誤解往往會讓組織陷入困境:當一位原本表現優異的專業人員被升為主管後,反而變得焦躁、控制欲強、不會分工,導致原本的團隊動能下滑。這並非因為他變差了,而是因為他的角色需求已經改變,而組織卻忽略了這一點。

因此,當我們在評估誰適合升任主管時,必須跳脫「單看績效」的思維,轉而思考:這個人是否具備領導所需的心態、行為與潛力?他是否能與人合作、培育他人、管理情緒、面對壓力與模糊?這些才是真正影響主管成敗的關鍵因素。

領導潛力需要透過行為觀察才能看見

不同於績效數字可以直接呈現,領導潛力往往隱藏在日常互動與非正式行為中。要評估一個人是否具備成為主管的潛能,不能只靠一次面談或過去的 KPI 數據,而應該透過行

為觀察來發掘。

例如：我們可以觀察一位同仁是否會在會議中主動協助整合意見、是否能在同事情緒低落時給予支持、是否具備系統性思考能力、是否勇於承擔並修正錯誤。這些行為雖小，但卻是未來主管所需能力的縮影。

有些組織會在人才發展計畫中設計「潛力觀察任務」，讓有意培養的人選參與跨部門協作、主持會議、帶領短期專案等情境，並由不同角色觀察其表現。這種設計比傳統的晉升面談更能看出一個人實際的領導風格與反應模式。

「能帶人」比「能做事」更重要

當一個人從專業人員轉任主管，他的角色會從「自己完成任務」轉為「協助別人完成任務」。這樣的轉變牽涉到責任觀、溝通方式、時間管理與心理素養的全面改變。

因此，評估一個人是否適合升任主管，必須著重於他的「帶人能力」，而非只是他完成任務的能力。這包括：是否願意授權與信任他人？是否具備給出具體回饋的能力？是否懂得建立心理安全感？是否能處理衝突並維持團隊氛圍？

有研究指出，團隊績效最高的主管，不是那種自己最厲害的人，而是最能啟動團隊成員潛力的人。他們讓團隊成員感到被支持、被挑戰、被理解，這種領導關係遠比個人能力重要得多。

第三章　領導力可以測：不是只能靠直覺

從潛力評估轉向發展導向

在實務中，即使一個人目前還不具備所有主管能力，只要他展現出學習意願與行為改變潛力，也值得組織投入資源進行培育。因此，評估誰適合升主管，不該是「有沒有全部條件」，而是「有沒有發展可能性」。

這樣的思維轉變，也讓我們從「考試導向」走向「發展導向」。不再只是根據一份報告或一次測評來決定晉升與否，而是設計一套從潛力評估、發展計畫到實踐觀察的完整歷程。主管不再是被任命的角色，而是被培養出來的身分。

例如：設計一段 6～12 個月的「潛力發展期」，讓具潛能者有機會在受督導下擔任準主管角色，並定期回顧行為表現、學習心得與團隊回饋。這樣的過程不僅讓組織更有信心任命，也讓當事人更有準備接下責任。

用系統化觀察取代印象式決策

要真正做到「不只看績效」，組織必須建立一套系統化的升遷評估架構。這包括：行為指標明確、資料來源多元、評估流程一致、回饋機制完善。如此一來，升主管就不再只是看主管主觀印象或政治權衡，而是一套具透明度與信任基礎的決策過程。

第三節　評估誰適合升主管，不只是看績效

　　當組織願意花時間建構這樣的系統，員工會更願意相信升遷是公平的，主管也能更安心任命新人，而不是升錯人再花一倍時間收拾。

　　真正有效的領導選才，不是挑最會做事的人，而是挑最能讓別人也做得好的人。而這樣的人，往往需要你用更細緻、更長期的眼光去看見。

第三章　領導力可以測：不是只能靠直覺

第四節　測評不能只靠問卷，還要看行為

問卷只能呈現部分事實

在許多組織導入領導力測評的初期，最常使用的工具就是問卷，因為它方便、快速、容易量化。然而，問卷雖然能讓我們掌握一些主觀認知與傾向，但若只靠問卷，就很難全面了解一個人的領導實力。

問卷測評的本質是「自我認知」與「他人觀察」的彙整，但這些認知本身就可能帶有偏誤。例如：受測者可能過度美化自己，也可能過度謙遜；評估者可能因個人好惡或近期互動經驗而失去客觀性。更重要的是，問卷無法呈現「人在情境中的實際行為反應」，而這恰恰是領導力的關鍵。

因此，問卷可以是測評的一環，但絕對不能是全部。真正要評估一個人的領導力，必須走進行為層面，用具體的觀察、模擬與紀錄去看他「怎麼做」而不是「說自己會怎麼做」。

行為觀察揭示領導真實風格

行為觀察是一種強而有力的測評方式，它可以捕捉受測者在具體情境中的決策模式、溝通風格、壓力反應與團隊互動方式。例如：在模擬會議中，觀察他如何引導討論；在小組任務中，看他如何協調分工與回應衝突。

這些觀察不需要誇張的設計，有時甚至是日常工作紀錄的整理與分析，例如回顧主管在專案中給出的回饋語句、處理錯誤時的態度、面對挑戰時的選擇。透過這些實際行為的記錄與評量，我們才能看見一個領導者的「慣性模式」與「反應品質」。

此外，行為觀察也可以避免單一事件造成的評價誤差。例如：某位主管近期因專案繁忙較少與團隊互動，問卷中可能被評為「關心不足」，但從長期行為觀察來看，他其實一直有透過其他方式穩定支持團隊。這樣的立體資料能讓評估更公平、更具說服力。

模擬演練與情境測驗能補足觀察盲點

除了日常行為觀察，組織也可以透過「情境模擬」或「行為演練」來進一步補強測評精準度。這類方法設計出特定挑戰情境，讓受測者在壓力或不確定下做出反應，藉此觀察其判斷力、情緒管理、價值取向與團隊引導技巧。

例如：安排一場模擬危機處理會議，或讓受測者應對一位情緒激動的部屬，觀察他如何安撫情緒與引導問題解決。這些設計能讓領導行為「現場化」，不是只談理想，而是面對真實挑戰的應變能力。

這類工具的優勢在於可重現、可比較，也容易結合觀察員紀錄、影片回放與行為指標分析，讓每一次評估都有實據可依，不再只是印象分數。

第三章　領導力可以測：不是只能靠直覺

搭配定性資料讓測評更有深度

測評不應只有分數與圖表，更應該包含質性描述與情境脈絡。組織可以在評估後加入一對一訪談、主管回顧、團隊小組討論等方式，進一步了解行為背後的動機與信念。

例如：在測評中一位主管被評為「回饋不夠積極」，但經訪談後發現，他是因為過去回饋被誤解為批評，因此轉向沉默以避免誤會。這時候的發展策略就不該只是「請多回饋」，而是設計溝通訓練與心理安全引導，才能對症下藥。

質性資料的價值不在於數量，而在於深度。它能幫助我們理解行為的脈絡與歷史，也能協助受測者自我覺察，從而更願意參與後續發展歷程。

問卷加行為，才是完整的測評系統

最理想的測評設計，是同時結合問卷與行為觀察兩種資料型態。問卷讓我們看見「他人怎麼看你」與「你怎麼看自己」，行為讓我們看見「你實際怎麼做」。這樣的雙軌資料，才能提供全面且立體的評估基礎。

此外，兩者之間的落差也正是成長的起點。例如：一位主管自評善於傾聽，但同仁評價相反，且在行為觀察中也呈現中斷他人發言的習慣。這樣的「落差點」就成為具體的學習目標。

第四節　測評不能只靠問卷，還要看行為

　　當組織願意從單一問卷走向行為整合，就不再只是為了填表與報告，而是為了培養真正看得見也做得到的領導力。這才是測評的終極價值所在。

第三章　領導力可以測：不是只能靠直覺

第五節　組織需要的不只是「聰明人」

聰明與領導力，不必然畫上等號

在許多組織裡，「聰明」常常被視為晉升的重要條件。會說話、懂邏輯、反應快、能解題，這些表現被視為「未來主管」的代表特質。然而，真正帶得動團隊、扛得住責任的人，往往不只是「聰明」，而是懂得如何在不同情境中展現穩定、協調與關係智慧。

領導不是一場智力競賽，而是一種綜合能力的展現。你可以很聰明地解決技術問題，卻無法讓人跟你合作；你可以邏輯清晰地推演策略，卻無法讓人心服口服。真正的領導力來自於能不能整合自我與他人、任務與情緒，而這些能力很多時候跟傳統所謂的「聰明」不一樣。

因此，當我們只用「誰最會說、誰最會想」來選擇主管時，就容易出現「獨角戲型領導者」：自己能力強，卻不會帶人，也不懂建立團隊。這樣的人一旦升上主管，往往造成更多協作困難與內部衝突。

領導力需要的是多元智慧

哈佛大學的霍華德・加德納（Howard Gardner）提出多元智能理論，指出人類的能力不僅止於邏輯推理與語言能力，

還包括人際理解、自我覺察、空間感知、情緒處理等。這些「非傳統智力」在領導工作中，其實扮演更關鍵的角色。

舉例來說，一位 EQ 高的主管，能快速察覺團隊的緊張氛圍並及時介入安撫；一位具備人際敏感度的領導者，能在衝突發生前就透過引導避免升高；一位自我覺察強的人，更能誠實面對自己的偏見與盲點，進而持續修正與成長。

這些能力可能不如智力測驗容易量化，但卻能決定一位主管能不能真正發揮影響力。因為人們不會因為你多聰明就願意跟你走，但會因為你讓他們感到信任、安全與尊重，願意與你並肩作戰。

測評設計需涵蓋非認知能力

如果我們的領導力測評工具只評估分析力、邏輯思維與決策速度，那我們就會一再把舞臺讓給所謂「聰明人」，卻錯過那些擁有團隊溫度與情緒管理能力的真實領導者。

因此，現代的測評設計應該納入非認知能力的觀察與評估。這包括情緒穩定度、共感能力、反思能力、倫理判斷、開放性與受挫耐受力等。這些能力雖然不像智力那樣明確定義，卻能透過行為觀察、情境模擬與多角度回饋方式具體化。

例如：在模擬緊急決策任務中，觀察受測者是否能在壓力下仍尊重他人意見；在回饋機制中觀察其是否能虛心接納

第三章　領導力可以測：不是只能靠直覺

不同觀點並調整行為。這些細節比起純粹的腦力競技，更能預測一位領導者在真實環境中的表現。

重視人際智慧，才能建立真實信任

領導的核心是一種關係，而關係的本質是信任。聰明的領導者可以讓人佩服，但能被信任的領導者才讓人願意跟隨。建立信任靠的不是你講出多少高論，而是你是否能一貫、誠實、理解他人並承接情緒。

在一個充滿變化的組織中，唯有能創造安全感與連結感的領導者，才能在不確定中帶出團隊動能。而這些，往往不是「聰明」可以解決的，而是「穩定」、「寬容」、「細膩」這些人際智慧的展現。

組織若忽略這些能力，只升遷高智商卻低情商的領導者，會讓團隊長期陷入不安與壓抑，表面效率可能維持，實則早已暗潮洶湧，甚至出現信任斷裂與人員流失。

找對人，而不是找最「聰明」的人

總結來說，領導力的本質從來不只是比誰反應快、語速快、報告做得好，而是比誰能真正引導人、串接人、承接人。組織需要的，不是最聰明的人，而是最能讓人一起變得更好的人。

第五節　組織需要的不只是「聰明人」

因此，選拔與培養領導者的過程中，我們必須主動把視角從「亮眼表現」轉向「深層行為」，從「說得漂亮」轉向「做得穩定」。當你能看見那些穩紮穩打、默默承擔、不愛搶功卻讓整個團隊更順的人，你才真正看見了未來領導力的希望。

別再被聰明迷惑了，那只是起點，不是終點。真正的領導者，是能讓大家在一起時，覺得自己更好、更安心、更願意前進的人。這樣的人，才是組織真正需要的主管。

第三章　領導力可以測：不是只能靠直覺

第六節　如何避免測評成為形式主義？

測評變成例行公事，會削弱其真正價值

許多組織一開始導入測評制度時，抱著提升領導力的期待，然而幾次實施下來，卻發現效果不如預期，甚至出現怨言：「每年都填一樣的問卷，根本沒人看」、「只是 HR 交差用的報表」、「反正最後還是主管說了算」。這些情況的出現，反映出測評已經從「學習與發展工具」退化成「制度化形式」。

當測評失去真實用途，變成只是流程的一部分時，不僅浪費資源，也會讓團隊對整體人才發展失去信任。人們會覺得「反正我怎麼填、怎麼做都沒差」，這樣的心態會讓測評成為無效的管理負擔。真正有價值的測評，應該是能激發反思、促進對話、指引成長，而非只是填表與交報告的過程。

要避免這樣的「形式主義」，就必須從制度設計、操作流程與後續應用三個層面，進行結構性的檢討與優化。

確保測評工具與組織需求連結

許多測評失敗的根本原因，是工具本身與組織實際需求脫節。拿別人現成的問卷、用標準化報表輸出，雖然快速，但無法反映組織當下真正關注的能力與行為。員工在回答問卷時會覺得「這些題目跟我沒關係」、「這些分數對我沒有幫

第六節　如何避免測評成為形式主義？

助」，自然無法引起認同與投入。

因此，設計測評工具前，必須先釐清組織的核心能力地圖、當前變革目標與人才發展方向。根據這些關鍵議題設定測評指標與語言，才能讓人覺得「這套工具是在幫助我，而不是審問我」。例如：若組織正面臨跨部門整合，就應著重觀察「影響力」、「整合力」與「協作能力」，而非僅僅是「個人表現」。

測評工具的設計應靈活、有脈絡感，避免過度標準化。尤其在不同層級與部門使用同一份問卷時，需進行語意轉換與情境調整，讓每位參與者都能理解並對應自身實際行為。

測評流程必須強化參與感與對話性

測評若只是被動填寫與等待報告，自然會變成冷冰冰的例行公事。要讓測評成為有感經驗，流程設計就必須讓參與者覺得「我有參與」、「我有收穫」。

這可以從三個方面著手：第一，在施測前說明目標與價值，並強調其用途是「幫助發展」而非「作為審判」；第二，在施測中設計反思性問題與開放式提問，引導自我對話而非只做選擇題；第三，在施測後安排回饋討論，無論是一對一教練還是主管共讀，都讓測評成為一段交流的起點。

當人們在測評中能被理解、被傾聽、被引導，他們就會認為這不是一份無感的表單，而是一種與自己關係深刻的學習工具。

119

第三章　領導力可以測：不是只能靠直覺

測評結果若無後續應用，等於作廢

最讓人感到失望的，是填完測評後「什麼都沒有發生」。沒有回饋、沒有行動、沒有發展計畫，整份報告就只是存在資料夾裡的 PDF 檔。這會讓受測者覺得「反正這只是演一場戲」，長期下來會破壞整個組織對測評制度的信任。

為了避免這種狀況，組織應設計「測評→對話→行動→追蹤」的完整流程。例如：主管在收到報告後，與部屬討論具體行為差異與行動目標；人資設計對應發展資源（如課程、教練、輪調）；半年後安排二次回饋與成果分享，建立行為改變的追蹤回路。

當測評結果被實際應用、行為被實際調整，大家才會覺得「原來這不是作樣子，而是幫助我真的進步」。唯有這樣，測評才會被視為成長系統的一環，而非管理的包袱。

測評文化要從上而下與下而上雙向建立

若主管自己對測評毫無投入，只是例行帶人填表，那麼下屬也不可能認真參與。相對地，如果主管願意公開談論自己的測評結果、分享學習歷程，整個團隊的參與氛圍就會截然不同。

建立正向的測評文化，必須讓高階主管身體力行。像是由領導團隊公開分享個人行為成長目標、以身作則接受 360

第六節　如何避免測評成為形式主義？

度回饋、定期討論組織整體領導力指標變化等。這些行動訊號會讓所有人知道:「測評不是管別人,而是從自己開始」。

同時,組織也應鼓勵基層成員提出對測評設計的建議與回饋。讓系統持續疊代,而非一成不變,這樣才能真正貼近實務、強化參與。

讓測評成為對話起點,而不是管理儀式

我們該問的不是「有沒有做測評」,而是「這些測評帶來了什麼」。如果它只是一份表單,那的確只是形式;但如果它能啟動對話、促成學習、指引行為調整,那麼它就是組織最有價值的領導力工具。

要達成這樣的目標,需要制度的設計,也需要態度的調整。唯有當我們將測評視為一段關於「怎麼變更好」的旅程,而不是一種「被審判」的儀式,我們才能真正從形式主義中解脫,讓領導的學習持續在組織中流動起來。

第七節
如何從 360 度回饋中提煉價值？

360 度回饋的真正意義：看見多重視角的自己

360 度回饋（360-degree feedback）是一種從多個角色角度——包括上司、同儕、下屬、甚至客戶——收集對某位主管或領導者行為觀察與評價的機制。它的價值在於打破單一視角所帶來的偏差，讓被評者看見自己在不同人眼中的樣貌，從而促進更完整的自我覺察與學習。

然而，在實務操作中，360 度回饋往往流於形式。一旦回饋只是匿名填表、無解釋、無引導、無對話，最後只會成為一份冷冰冰的報告，甚至引發更多誤解與防衛。若要讓 360 度回饋真正產生價值，就必須從設計、實施到應用三個層次，轉化為有意義的學習歷程。

避免淪為表單比對，應聚焦於行為脈絡

很多人一拿到 360 度回饋報告，第一反應就是「為什麼分數低？」、「誰說我不會傾聽？」這樣的情緒很正常，但若只停留在分數高低，就錯失了這份工具真正的意義。

360 度回饋不該只是數字比較，而是幫助我們理解「哪一類人如何看待我」、「我在哪些情境下表現不同」、「我可能忽

略了哪些影響他人的行為」。真正的價值，是從這些脈絡中看見自己日常習慣與關係互動的全貌。

舉例來說，若你的上司給你「執行力」高分，但下屬給低分，這並不代表有人在說謊，而是代表你在向上回報時做得清楚，但在向下溝通時可能缺乏細節或關懷。這樣的落差，正是下一步學習的起點。

回饋數據需要轉化為行動對話

收集到 360 度回饋之後，最重要的不是分析，而是對話。組織應提供一對一的教練諮詢、主管共學或小組討論，協助被評者將資料轉化為可理解、可行動的改變目標。

這樣的轉化過程有幾個關鍵步驟：先引導被評者看見高低落差背後的意義，再協助他找出具體的情境與行為細節，最後討論未來的調整策略與實驗方法。例如：若發現「傾聽」得分偏低，可設定一個月內開會時每次至少用一句話確認他人意見，並在結束後自我記錄。

透過具體行動轉化，回饋就不再只是數據，而是一種個人領導風格的精緻調整歷程。

第三章　領導力可以測：不是只能靠直覺

須強化心理安全，讓人願意接納回饋

360度回饋最難的是面對真實。許多主管在第一次接收負向評價時會感到羞愧、困惑甚至否認。這是人性，但若組織沒有提供足夠的心理安全空間，就會讓整個測評過程失去意義。

心理安全來自幾個關鍵因素：第一，制度設計需明確說明測評的目的為學習而非懲罰；第二，主管群要以身作則分享自己的學習歷程，降低羞辱感；第三，設置專業教練或中立引導者協助解讀資料、處理情緒、避免誤解。

唯有當被評者知道「這不是針對我個人，而是幫我更了解自己」，他們才會真正接納回饋並轉化為行為改變的動力。

長期追蹤才能讓回饋持續產生影響力

360度回饋的效益不該只有當下，而應建立長期追蹤機制。例如：三個月後重新訪談當事人、半年內安排第二次簡化測評、鼓勵主管與團隊回顧行為變化。

這種持續性的追蹤有三大好處：第一，讓被評者知道自己的努力被看見，有成就感；第二，讓團隊感受到「主管真的有改變」，提升信任感；第三，讓組織能逐年提升整體領導行為指標，成為文化進化的依據。

第七節　如何從 360 度回饋中提煉價值？

若 360 度回饋只是一次性事件，就容易變成口號或儀式；唯有讓它成為「持續學習的一部分」，才有可能真正改變個人與團隊的領導關係。

讓每一次回饋成為一次成長的契機

360 度回饋的真正力量，不在於揭露缺點，而在於揭示可能。當一個人願意面對他人真實的觀感，並從中汲取力量去調整自我，那麼他就從一位主管走向了一位成熟領導者。

讓回饋成為對話的起點、讓數據成為故事的引子、讓差異成為學習的動力。如此一來，360 度回饋不再只是評估工具，而是一條連結自我與他人、當下與未來、表象與內在的成長之路。

第三章　領導力可以測：不是只能靠直覺

第八節　測評數據的心理偏誤要注意

數據不是事實，而是經過心理過濾的結果

在領導力測評中，我們常依賴問卷、評分表與行為觀察來產出數據，但這些數據並不等同於客觀事實。每一筆資料背後，都反映了評估者的主觀感受與認知偏誤。若未加以覺察與處理，就可能造成錯誤判斷與不當決策。

舉例來說，一位剛升遷的主管，可能因團隊尚未適應而收到偏低的 360 度回饋分數；或一位人氣高的主管，即便領導力表現一般，也因關係良好而獲得高分。這些「心理偏誤」會讓我們錯誤地高估或低估某人的真實能力，進而影響升遷、發展與信任建立。

因此，在閱讀與解讀測評數據時，不能只看表面分數，而必須回到產生數據的心理脈絡，辨識可能的偏誤來源，做出更立體與謹慎的判斷。

常見的五種心理偏誤

以下是領導力測評中最常見的五種心理偏誤：

1. 月暈效應 (Halo Effect)

當某人在某一方面表現突出時，評估者傾向在其他項目也給予高分。例如：主管表達能力強，評估者也認為他有同理心，儘管兩者未必相關。

2. 刻板印象偏誤 (Stereotype Bias)

根據性別、年齡、學歷等非行為因素進行評價。例如：認為年輕女性不擅長管人，或年長男性不懂創新。

3. 近因效應 (Recency Effect)

最近的事件對評價影響過大，忽略長期表現。例如：主管剛完成一項專案成功，就被全面評為高效率。

4. 中央趨勢偏誤 (Central Tendency Bias)

為求保守與中立，評估者傾向全部打中間分，導致無法辨別真實強弱點。

5. 寬容／嚴苛偏誤 (Leniency / Severity Bias)

有些人習慣給高分、有些人則一律嚴格，形成評分標準不一致。

認識這些偏誤，是提升測評品質的第一步。唯有當我們理解人類評價本身就不客觀，才能設計出更公平的回饋機制。

第三章　領導力可以測：不是只能靠直覺

如何降低心理偏誤對測評的影響？

雖然心理偏誤無法完全避免，但可以透過設計與引導來降低其影響。以下是幾個實務做法：

1. 教育評估者

在施測前提供簡單的評分訓練，說明常見偏誤，並舉例提醒注意事項，能提升評分品質。

2. 使用行為敘述題

將問題設計為具體情境與行為描述，例如：「這位主管是否會在會議中主動整合不同意見」，減少抽象評估。

3. 設計多角度來源

透過上司、同儕與部屬的多角度回饋，交叉比對評價趨勢，能有效平衡個別偏誤。

4. 加入定性訪談或觀察

結合問卷以外的觀察或訪談資料，可以補充理解數據背後的情境與解釋。

5. 匿名與機密機制

確保評估過程的保密性，有助於減少社會期許壓力與「看人臉色」的打分行為。

這些措施雖然增加設計與執行的複雜度，但能顯著提高測評的準確性與可用性。

不要把分數當成最終結論

另一個常見的錯誤，是將分數視為絕對的評價。例如：「你得分高＝你是好主管」、「你得分低＝你沒資格升遷」。這樣的觀點忽略了測評的本質 —— 它是工具，不是裁判。

測評的目的是啟動對話與發展，而非貼標籤與決定命運。領導力是一種動態能力，會隨著角色、團隊、文化與歷練不斷調整與成長。一時的數據，只能代表當下某一段時間的觀察結果，不是永久定論。

因此，我們要教會主管與團隊「如何解讀分數」而非只關注分數本身。包含：與過去表現相比的趨勢變化、各角色的觀點差異、強項與成長區的組合分析，這些都比單純看平均值更有意義。

用同理與彈性解讀數據，讓測評成為助力而非阻力

測評資料的價值來自於它如何被使用與解讀。若組織只用它作為篩選標準與升遷門檻，那它終將淪為令人反感的壓力來源。但如果我們以同理與開放的態度來看待這些資料，把它當作理解他人與發展自己的鏡子，那它將成為激勵學習的催化劑。

第三章　領導力可以測：不是只能靠直覺

　　每一份數據背後都是人對人的觀察與感受，當我們願意用謙卑與探問的方式去理解這些資料，就能讓測評從一張報告，變成一段關係、一個改變的起點。

　　用心理學的視角看數據，不是讓你懷疑一切，而是讓你多一層思考。因為最好的測評，不是百分百精準，而是百分百有意義。

第九節　讓測評成為學習而非審判

測評是學習的工具，不是貼標籤的機器

在許多組織中，測評常常被視為一種「篩選工具」，目的是分出誰是人才、誰不合格，誰應該升遷、誰該被淘汰。然而，這樣的觀點容易讓測評變成一種壓力源，甚至成為主管與員工之間的潛在對立點。

其實，最有效的測評從來不是為了打分數，而是為了促進成長。它應該是協助個人看見自己行為模式、辨識強項與改善區的學習工具。唯有當組織轉變測評的定位，從「判決結果」轉為「學習過程」，才能真正釋放測評的價值。

當我們將測評當作一面鏡子，而不是一張成績單，就能讓每一位主管或同仁在回饋中獲得自我覺察，並以此為基礎調整行為、精進能力，這樣的心態也會建立組織內部更健康、更正向的發展文化。

從制度設計上重新定義「測評為學習」

若希望測評不再被視為審判，制度設計就必須反映這樣的價值觀。例如：在施測前明確溝通測評目的為「協助發展」而非「決定命運」；在結果呈現時，著重「行為描述」與「發展建議」，而非純粹數字排序。

第三章　領導力可以測：不是只能靠直覺

此外，組織應設計測評後的「行動轉化流程」，如：提供個別教練回饋、安排部門共學會、引導主管與團隊進行對話討論。這些措施能讓測評結果不再是結束，而是改變的起點。

當制度鼓勵員工將回饋視為一種資源，而不是威脅，每一次測評就會變成一次自我校準與成長機會，而非職場壓力來源。

引導主管用發展視角看待測評

許多主管在收到部屬的測評結果時，第一反應是：「這分數太低了，我要不要換人？」這樣的反應其實是一種過度解讀，也是一種錯誤的評估心態。測評的目的不是要告訴主管「誰不能用」，而是幫助他們看見「如何幫部屬變得更好」。

因此，主管也需要被培訓：如何解讀測評報告、如何與部屬進行回饋對話、如何共同設定成長目標。當主管懂得用「育才」而非「篩才」的眼光來看待資料，他就能轉換角色，從評鑑者變成引導者，真正發揮領導的價值。

一個好的主管，並不是只留下分數高的人，而是能協助每一位成員在自己的起點上往前走一步。

第九節　讓測評成為學習而非審判

讓回饋成為日常，測評才會自然

如果平常沒有任何回饋機制，只有一年一次的測評報告，那麼每一次測評就會像是一場突襲審判，讓人緊張、抗拒甚至質疑其真實性。要讓測評成為學習，就必須讓回饋成為文化的一部分。

這包括：主管日常的行為觀察、例行的回饋對談、任務結束後的檢討與反思、定期舉辦的行為成長工作坊等。當人們習慣於在日常中給出與接收回饋，測評就不再是陌生或危險的事件，而是延伸日常對話的自然機制。

唯有在這樣的文化氛圍下，組織才能培養出勇於面對弱點、樂於探索學習的團隊風氣，進而讓測評發揮真正意義。

結合自我覺察，才會產生持久改變

真正讓測評成為學習工具的關鍵，是它是否能引發受測者的「自我覺察」。當我們能誠實地看見自己行為與他人感受之間的落差，並思考背後原因，那麼改變才有可能發生。

這也是為什麼有些高分者進步不大，而一些低分者卻能持續躍升。因為後者願意打開自己，將測評視為成長的助力而非失敗的判決。

若能在測評之後，安排教練、同儕小組、或自我回顧工具，引導當事人進行「行為－反應－反思－調整」的循環，這

第三章　領導力可以測：不是只能靠直覺

樣的學習才會深入並持久。測評不再是一次性報告，而是連續成長的起點。

讓每一次測評，都是一次與自己的對話

測評的價值，不在於那份報表，而在於你用什麼心情去看那份報表。當你能把它當作一面鏡子，而非一張成績單，那麼每一次測評都將變成一次與自己誠實對話的契機。

在組織層面，當我們願意放下控制與懲罰的心態，用更開放的語言與制度來運用測評，才能真正建立「發展導向」的人才策略。因為我們不需要完美的人，只需要願意學習的人。

讓測評成為學習，而非審判，這是每個領導者與每個組織都能為人才養成做出的最關鍵轉變。

第四章

勝任力地圖：
真正帶得動人的能力長什麼樣

第四章　勝任力地圖：真正帶得動人的能力長什麼樣

第一節　領導的「勝任」不是會做事

勝任力的迷思：做得好不等於帶得動

在多數組織中，當某位員工工作能力強、績效穩定，主管便自然而然地認為他「已經準備好升主管了」。這種觀念根深蒂固，但事實上，「會做事」與「會帶人」是兩種完全不同的能力系統。

會做事的人懂得如何完成目標，掌握流程與細節，靠自己的努力打下成績。但領導者的工作，更多時候是讓別人能完成工作、激發團隊潛能、處理人際糾紛與跨部門協調。這些任務無法靠個人能力解決，而需要一整套「帶人做事」的勝任力系統。

所謂「勝任」，指的是一個人是否具備完成角色任務所需的知識、技能、態度與行為。而在領導角色中，這些勝任元素更加多元，也更難單憑績效來判斷。當我們只憑任務績效來晉升主管，就容易落入「彼得原則」：每個人會被升到他無法勝任的位子。

領導是一套行為模式，而非職稱或資歷

許多人誤以為「當上主管才需要領導力」，但其實領導不是一個職稱，而是一種行為表現。你如何與他人互動、如何協助

第一節 領導的「勝任」不是會做事

他人成功、如何面對不確定與變動,這些都是領導力的展現。

研究指出,那些在升遷前就展現出領導行為的人,升任主管後更容易成功。這表示「勝任」不是在上任之後才開始培養,而是應該在平時工作中就被觀察、培養與強化。

因此,組織應重新定義「什麼樣的人才是勝任的主管人選」。不是只看誰做得快、做得好,而是看誰在面對人際與系統挑戰時,展現出整合、引導與協作的能力。這樣的勝任力觀念,才能幫助組織找到真正帶得動人的領導者。

勝任力不只是一張能力清單

當我們談「勝任力」時,許多主管第一反應是:「請給我一份主管能力表格」,彷彿只要列出能力項目,就能判斷誰適不適任。但勝任力不是靜態清單,而是一種系統性的行為表現。

舉例來說,勝任力不只是「能溝通」,而是「是否能在壓力下維持清晰溝通」、「是否能與不同立場的人建立連結」、「是否能讓團隊在爭執中達成共識」。這些都是具體行為,而非抽象名詞。

勝任力也不是「有或沒有」的問題,而是程度與情境適配的問題。同樣是「擅長決策」,在穩定情境與變動情境中的展現方式可能截然不同。真正的勝任評估,應該是連結具體行為、實際場景與角色需求的立體觀察。

第四章　勝任力地圖：真正帶得動人的能力長什麼樣

組織應以行為為本，建立勝任力觀察機制

如果勝任不是看資歷、也不是靠分數，那麼組織要如何知道誰是「適任」的主管人選？答案是建立行為觀察的系統，將日常工作的具體行為轉化為可觀察、可討論、可回饋的勝任力表現。

這樣的觀察可以包括：會議中是否能引導討論、是否能處理部屬間的誤解、是否願意面對衝突並進行引導、是否能在目標與人際之間取得平衡。這些都是衡量領導勝任力的真實場景。

此外，組織應將這些觀察結果用來啟動對話，而非判定成敗。例如：「我們觀察到你最近在會議中提問的方式有助於團隊聚焦，我們想讓你嘗試帶一個小專案」── 這就是從觀察走向發展的實例。

勝任是一種動態，必須與時俱進

最後要提醒的是，勝任不是一種「終身資格」。今天適任的主管，若面對的是未來不同挑戰，仍可能失去適配度。這表示勝任力必須持續進化，隨著組織變化、產業轉型與世代交替而調整。

因此，真正有價值的勝任力系統，不是為了證明誰是好主管，而是為了幫助每位領導者看見下一階段需要成長的能

力。這樣的系統,才會讓組織走向持續學習與領導更新的良性循環,也才真正回到「勝任」這個詞的核心意義:持續成為值得信任、能夠承擔的人。

第四章　勝任力地圖：真正帶得動人的能力長什麼樣

第二節　如何建構一份勝任力模型？

勝任力模型是組織領導發展的地圖

勝任力模型（Competency Model）是用來描述某一角色或職位在特定組織情境下，應具備的關鍵行為與能力集合。它不僅是一張表格，更像是一張導航圖，引導組織辨識、培養與評估關鍵人才。

一份好的勝任力模型能回答三個核心問題：我們希望領導者展現哪些具體行為？這些行為如何影響組織目標？我們要如何觀察與培養這些行為？

在實務操作中，勝任力模型的建構不是一蹴可幾，也不應照抄他人模板。它必須根據組織的文化、策略方向與發展階段，量身打造。這樣的模型才能真正貼近工作場景，成為指導領導發展與人才選拔的有力工具。

從組織價值與策略出發

建構勝任力模型的第一步，是釐清組織的核心價值與發展策略。這能幫助我們定義「什麼樣的行為對我們來說才是關鍵的領導行為」。

例如：一間以創新為核心的科技公司，可能特別重視「風

險承擔」、「快速學習」與「跨界合作」等行為；而一間以客戶為中心的服務業，則可能更重視「情緒管理」、「服務導向」與「團隊引導」。這些行為的選擇必須與組織要達成的目標一致。

在這個階段，領導者應與人資團隊共同參與，並訪談各部門主管、蒐集優秀領導者案例、分析失敗經驗，從中萃取出行為特徵，作為後續模型的素材基礎。

梳理職務角色與層級差異

勝任力模型並非一體適用。不同層級的主管角色，其任務重點與行為需求會有所不同。中階主管可能偏重於執行力與團隊管理，高階主管則需具備系統思維與策略導引能力。

因此，在建構模型時，應針對不同職級進行分層定義。例如：將模型分為三層級──基層領導者（如組長）、中階領導者（如課長或副理）、高階領導者（如經理與總監）──每層級設定 3～5 項關鍵行為，每項再細分為具體可觀察的指標。

這樣的分層設計有助於各層主管對號入座，也方便組織進行針對性培訓與晉升評估，使勝任力模型真正成為人才管理的操作指南。

第四章　勝任力地圖：真正帶得動人的能力長什麼樣

強調具體行為，而非抽象特質

　　勝任力模型最常犯的錯誤之一，就是充滿模糊不清的抽象詞彙，如「正向思考」、「抗壓性強」、「具領導者氣質」等。這些用語雖然聽起來熟悉，卻很難被具體觀察與評估。

　　一份有價值的模型，應該以具體行為語言來描述每一項能力。例如：「在多方意見中能提出整合性建議」、「願意主動尋求跨部門資源」、「面對衝突時表現冷靜且具建設性」等。這樣的行為語句可以被觀察、被回饋，也可以用來設計訓練與評鑑工具。

　　此外，模型也應明確區分「目前表現」與「發展潛力」。有些人現在尚未展現某行為，但若能透過培養達成，也應列入發展地圖。這樣的設計可以兼顧當前評估與未來培育，讓模型更具彈性與前瞻性。

建立模型後，必須投入推動與應用

　　勝任力模型的建構不是結束，而是起點。若沒有後續推動與整合，它很快就會淪為一份束之高閣的報告。因此，建構後的關鍵，是讓模型「活起來」。

　　這包括：將模型納入招募選才的面談設計；導入主管培訓課程的內容設計；作為績效與潛力評估的參照指標；也可結合 360 度回饋工具，設計行為觀察表與自我檢核清單。

此外,定期回顧與更新模型也是必要機制。隨著市場變化與策略轉向,原本的行為定義可能需要調整。持續優化能讓模型與時俱進,維持其在組織中的生命力與實用性。

勝任力模型是共同語言,也是領導文化的顯影

勝任力模型的價值不只是 HR 的技術工具,而是一種在組織內部建立「什麼是好主管」共識的文化實踐。當大家對「什麼行為是被鼓勵的、什麼能力是可學習的」有共同理解,整個組織的人才策略就會更具一致性與延續性。

透過勝任力模型,我們不只是評估誰適合當主管,更是在定義我們希望組織中出現什麼樣的行為風貌。這樣的模型,不只是表格與流程,而是文化的縮影與領導力的地圖。

第四章　勝任力地圖：真正帶得動人的能力長什麼樣

第三節　技能、特質、態度的合理分布

領導勝任力不是單一能力的強化

許多人在談到勝任力時，會過度聚焦在技能（skills）的培養，例如溝通技巧、時間管理、問題解決等技術性面向。但實際上，一位領導者之所以能夠勝任，不僅僅在於技能是否純熟，更在於他是否具備穩定的人格特質與正確的態度取向。

領導工作高度依賴人與人之間的互動，因此領導者若僅憑技巧，卻缺乏誠信、同理心與責任感，很快就會讓團隊失去信任。同理，若只具備理想態度，卻無實質能力執行，也難以推動任務前進。唯有技能、特質與態度三者兼備，才能構成真正可長可久的領導力基礎。

因此，在設計勝任力模型與培育計畫時，應避免「技術萬能」的迷思，而是要從三個面向做合理配置與平衡。

技能：具體任務的執行能力

技能是最容易教、也最容易量化的勝任力元素。像是會議主持、目標設定、資料分析、簡報設計、績效管理等，都是現代領導者常見的技能指標。

這些能力的特點是可透過課程訓練、情境演練與工具使用快速強化。因此,組織在設計領導發展課程時,多半以技能為主體規劃。

然而需要提醒的是,技能再強,如果沒有良好的價值基礎與性格支撐,容易在壓力或衝突中失效。技能是手段,不是全部,應與其他層面配合運用,才能發揮最大效益。

特質:影響行為的一致性基礎

特質(traits)是指個體相對穩定的個性傾向,如誠實、謹慎、果斷、外向、情緒穩定等。這些特質會影響一個人在不同情境中的反應模式,進而形塑其領導風格與決策方式。

雖然特質較難透過訓練快速改變,但透過覺察與經驗引導,仍能發揮其潛能或調整過度。例如:一位性格謹慎的主管,若能學會在關鍵時刻做出果斷決策,就能將謹慎轉化為風險管理優勢;而一位外向熱情的領導者,若能透過覺察避免過度插手,就能在授權上表現更穩健。

在勝任力評估中,應包含對個人特質的基本了解,幫助主管認識自己在壓力、變動與人際互動中的自然傾向,並據此調整行為策略。

第四章　勝任力地圖：真正帶得動人的能力長什麼樣

態度：決定是否願意改變與學習

態度是領導發展中最容易被忽略，卻最關鍵的因素。它代表一個人對工作的投入程度、對學習的開放程度，以及對組織與團隊的責任感。

一個態度積極的主管，即使起點技能不足，也願意請教、試錯、承擔壓力；而一個態度保守甚至防衛的主管，哪怕經驗豐富，也容易抗拒回饋、逃避責任、推卸問題。

因此，在勝任力模型中，應將「學習敏感度」、「責任感」、「合作意願」、「自我覺察力」等態度類指標列為重要觀察點。這不只是評估的依據，更能成為領導力發展的起點。

三者之間的比例應依角色需求調整

並非所有職位都需要同樣的技能、特質與態度分布。例如：在初階主管的選拔中，技能與態度的重要性相對高，因為實務執行與基層溝通是工作重點；而在高階領導者的評估中，特質與態度的比重則顯著上升，因為其任務更依賴價值判斷、人際影響與系統思考。

因此，設計勝任力模型時，應針對不同層級與角色設定合理的三面向比重。例如：課長層級可能以技能40％、態度40％、特質20％作為參考；而總監層級則可能為技能25％、態度35％、特質40％。這樣的設計能讓選才與培育更貼近實務需求。

第三節　技能、特質、態度的合理分布

勝任的關鍵是整體組合，而非單點特優

最後要強調的是，沒有哪一項特質或技能是「萬能」的。真正的勝任是「整體組合是否足以支撐角色需求」，而不是「某個指標特別高」。一個只靠一項特質撐起來的主管，往往在面對變化時容易失衡。

組織在評估人才時，也應跳脫「找最強項」的迷思，轉而尋找「組合最適合」的潛力人選。只有當技能、特質與態度形成穩定又彈性的平衡系統，領導力才會真正發揮其深層且持久的影響力。

第四章　勝任力地圖：真正帶得動人的能力長什麼樣

第四節
如何區分「潛力型」與「績效型」人才

績效不等於潛力，兩者邏輯截然不同

在組織中，績效常常被視為人才選拔的最主要依據。表現好的員工，自然被認為具備升遷潛力；而表現普通的員工，則往往不被納入發展規劃。然而，這種邏輯其實隱含一個重大迷思：績效是過去的結果，而潛力是對未來的預測。

一個績效優異的員工，可能是在熟悉任務、穩定流程與明確資源中運作良好；但當他被拉到新的角色、面對未知情境與帶領團隊時，是否仍能發揮同樣水準，就不一定了。反之，有些人在目前職位表現平平，卻展現出高度的學習敏感度、情境適應力與人際影響力，這些都是潛力的徵兆。

因此，若組織將績效與潛力劃上等號，很可能會錯過真正具備長期價值的人才。要有效區分兩者，就必須設計不同的評估架構與觀察指標。

績效型人才：穩定執行與結果導向

績效型人才的特徵在於對現有任務的高掌握度與執行效率。他們擅長在清楚規則與流程下操作，重視成果交付、目標設定與時間管理，通常也是團隊中最可靠的成員之一。

這類人才在營運穩定性、品質維持與專案落實中扮演重要角色。他們的價值在於「讓組織現在不出錯」,適合負責關鍵執行職位與流程監控任務。

然而,當任務涉及高變動、高模糊與人際引導時,績效型人才若缺乏自我調整與創新意識,可能會陷入「過度依賴過去經驗」的盲區。因此,在晉升決策上,不能單憑過去績效決定未來角色適配性。

潛力型人才:具備可塑性與高適應力

潛力型人才的核心特質是「尚未完全展現,但具備發展空間」。他們可能不是目前績效最高者,但在特定情境中展現出關鍵行為,例如:主動學習、跨部門整合、情緒穩定、處理突發事件的靈活應對等。

這些行為通常隱含著高成長心態、高自我覺察力與對不確定情境的心理彈性。潛力型人才不一定總是最亮眼,但他們對新挑戰的反應方式,往往是領導職能的前兆。

因此,組織應設計機制來挖掘這類人才,例如提供短期領導任務、情境模擬挑戰、或跨單位協作機會,觀察其在非日常情境中的反應與引導能力。

第四章　勝任力地圖：真正帶得動人的能力長什麼樣

區分兩者的四個關鍵維度

若要具體區分「績效型」與「潛力型」人才，可以從以下四個維度進行觀察：

1. 任務熟悉度 vs. 任務創新度

績效型擅長已知任務的高效率執行，潛力型則能在新任務中快速摸索與創造方法。

2. 成果穩定性 vs. 行為多樣性

績效型行為一致、成果穩定；潛力型在不同場景中展現彈性與新行為嘗試。

3. 關注目標 vs. 關注成長

績效型重視達成目標，潛力型重視自我提升與學習經驗。

4. 依賴規則 vs. 應對模糊

績效型在明確制度中表現佳，潛力型能在制度不清楚時引導方向與聚焦團隊。

這些觀察不在於孰優孰劣，而是幫助組織做出「角色適配性」的判斷。不同角色需要不同特質，若能精準辨識，就能提升任命成功率與組織整體表現。

第四節　如何區分「潛力型」與「績效型」人才

用潛力觀點重新思考人才布局

組織應從「只重現在表現」轉向「預測未來可能性」的視角看待人才。尤其在快速變化的環境下，那些具備彈性、學習力與引導能力的人，才是真正能帶領團隊面對未來挑戰的領導者。

績效值得肯定，但潛力更需投資。當我們學會從績效中找出可培養的潛力，並設計對應的發展機制與歷練舞臺，就能真正打造出一個既穩定又具創新動能的領導梯隊。

分清績效與潛力，並非否定現在的努力，而是用更長遠的眼光，為組織未來找到最值得相信與培養的人。

第四章 勝任力地圖：真正帶得動人的能力長什麼樣

第五節　領導不是一種能力，是一組系統

打破「領導力單點能力」的迷思

許多人對領導力的理解仍停留在「某個人很會講話」、「某個人很果斷」、「某個人天生有氣場」等單點特質的想像。但真實的領導工作，從來不是單一能力的展現，而是一整組交織運作的系統行為。

一位有效能的領導者，不只是表現出一項技能，而是能根據不同情境調整行為策略，整合多種能力。例如：在團隊低氣壓時，他能以情緒穩定安撫團隊；在目標模糊時，他能擘畫方向與任務分工；在衝突升溫時，他能居中協調、化解僵局。

這些能力沒有單獨發揮就能成功，而是彼此之間的配合與調度，才構成真正能帶動團隊、影響文化的領導力。從這個角度看，領導不是一項能力，而是一套可互補、可調節、可系統化學習的組合模型。

領導力系統的五大核心要素

根據實務觀察與研究整合，有效領導力可被拆解為以下五點：

第五節　領導不是一種能力，是一組系統

名稱	英文名稱	內涵說明
目標導向	Goal Orientation	能清楚定義目標、整合資源、設定節奏與追蹤進度，是任務推進的核心。
人際互動	Interpersonal Skill	善於建立信任、傾聽回應、處理情緒與衝突，是維繫團隊氛圍與文化的關鍵。
決策思維	Decision-Making	能夠評估風險、整合資訊、做出判斷並承擔結果，是推動前進的重要驅動器。
自我覺察	Self-Awareness	能理解自己的情緒、價值觀與行為模式，進而進行自我調整，是穩定領導品質的基礎。
變革引導	Change Leadership	在變動中引導方向、穩定人心、創造共識，是面對未來挑戰不可或缺的能力。

這五點不僅獨立重要，更需彼此搭配運作，才能應對現代組織的複雜與多變。

領導風格是系統調頻的結果

每位領導者都有自己偏好的行為模式與風格傾向，例如有些人習慣以邏輯與效率為優先，有些人則重視關係與溫度。這些差異不代表對錯，而是「系統強度不同」的反映。

然而，若無法根據情境需求調整系統設定，就容易出現風格失衡。例如：過度目標導向會忽略人際感受、過度關係導向會缺乏績效推進、過度自我反思可能變得猶豫不決。

第四章　勝任力地圖：真正帶得動人的能力長什麼樣

成熟的領導系統應具備「調頻」能力，也就是根據團隊階段、任務性質與文化氛圍，適時加強某一項的比重，同時保持系統的整體穩定與韌性。

發展領導力，需從整體設計著手

若我們接受領導是一套系統，就不能再用片段訓練或單一指標評估領導力。例如：開一堂溝通技巧課程，並不能保證主管變得更能帶人；給一份問卷分數，也不能斷定誰更具領導潛力。

真正有效的領導力發展，應該從系統設計著手，整合選才、培訓、歷練與回饋。包括：建立勝任力模型、設計階段性發展任務、結合教練與行為回饋、搭配 360 度回饋與績效對話，才能讓每一位主管在不同模組中覺察盲點、強化不足、擴展能力組合。

這樣的發展方式，也有助於組織培養出多元風格、多種可能性的領導梯隊，而非一種標準化主管樣板。

領導系統建構，是組織文化的延伸

組織在建構領導系統時，應將其視為企業文化實踐的一部分。因為什麼樣的領導行為被鼓勵、被培育、被肯定，會深刻影響組織價值的落實。

第五節　領導不是一種能力,是一組系統

　　若你希望建立創新文化,就不能只獎勵穩定執行型領導者;若你期待建立開放溝通,就必須強化主管在人際上的學習與行為指標。當組織從系統思維出發打造領導力,不僅能提升管理效能,更能形塑一致的文化樣貌與團隊氛圍。

　　因此,領導不是找出「一個會做事的人」,而是打造「一群能調頻協作的系統角色」。當我們從單點能力走向系統架構,領導的本質也就從個人競技轉為集體共創,這才是現代組織真正需要的領導力進化。

第六節　評估「潛在領導力」的五種方式

潛在領導力需要多角度觀察

在人才發展中,「潛在領導力」一直是組織極欲辨識的關鍵資源。相較於已經展現明顯領導表現的人才,潛力型人才的特點是「尚未完全被看見,但具備發展可能性」。然而,這樣的潛力無法只靠主管印象或單一問卷評量來判斷,而需要建立一套立體化、多角度的評估系統。

潛在領導力不是一種抽象的潛能,而是具體行為模式的初步展現。例如:在無正式授權下仍能影響他人決策、在團隊混亂時能提出穩定方向、在跨部門任務中展現彈性與協調力等。這些都是潛在領導力的訊號,關鍵在於是否有機制能及時看見並正確解讀。

以下將介紹五種實務上有效評估潛在領導力的方法,每一種都對組織識才與育才具有關鍵意義。

方法一:行為觀察記錄法

最直接也最貼近現場的方法,是在日常工作情境中持續觀察人才的行為反應,並將其具體記錄下來。這包括:會議發言方式、跨部門互動、主動承擔任務、危機處理表現、回饋與協作態度等。

透過主管、HR 或指定觀察者定期收集這些行為紀錄，並依據勝任力模型中的關鍵行為進行對應與評比，可以形成具參考性的潛力輪廓。這種方式的好處是貼近真實、不易造假，但需仰賴觀察者的訓練與紀錄系統的完善。

此外，建議觀察不只集中於單一任務，而是涵蓋多樣情境，避免因一次表現好壞而造成評估偏誤。

方法二：模擬情境挑戰法

模擬挑戰是一種設計特定情境、讓受測者在模擬場域中展現領導行為的方法。常見形式包括模擬會議主持、危機處理演練、角色扮演決策或跨部門協作任務等。

這類方法能觀察到受測者在壓力、不確定與多重利益下的思維邏輯、表達方式與引導行為。例如：是否能快速釐清問題焦點、是否能整合不同意見、是否能在不熟悉的議題下仍展現信心與組織力。

模擬挑戰的優點是高可比性與標準化，尤其適合在潛力盤點階段使用。但設計上需注意情境真實性與評估準則的一致性，方能確保結果具判斷效度。

方法三：360 度回饋與關鍵人物評語

透過來自上司、同儕、下屬甚至外部合作對象的回饋，可以形成更立體的潛力輪廓。尤其是由於潛力常表現在非正

式情境下,因此多角度回饋更能捕捉平時不易被主管看見的行為細節。

可設計簡化版的 360 回饋問卷,聚焦於「是否主動承擔」、「是否能整合他人」、「是否具備帶動團隊氣氛的能力」等具潛力預測性的行為觀察,並開放自由文字欄位讓提供者補充印象或具體例證。

此外,關鍵人物的訪談也非常重要,像是跨部門主管、專案負責人等,往往能提供精準而深入的潛力觀點。

方法四:潛力發展任務歷練

有些潛力需要情境歷練後才會被激發。因此,設計具挑戰性的任務歷程,也是一種潛在領導力的動態評估方式。例如:讓員工帶領短期專案、擔任跨部門專案召集人、或在內部分享會上代表單位發言。

這些任務本身即為學習場域,同時也能觀察受試者在真實壓力下是否能展現關鍵行為,並蒐集利害關係人對其表現的即時回饋。

最重要的是,這類任務必須有事前明確目標設定與事後反思機制,否則容易流於「做過就好」而無法作為評估依據。

方法五：潛力指標工具與心理測評

若希望以系統化方式初步篩選潛力人才，也可搭配潛力預測工具與心理測驗。像是 Hogan Potential、Lominger 潛力模型、學習敏感度測驗（Learning Agility）、情緒商數測評（EQ）等。

這些工具能提供初步輪廓，例如：在不確定情境中的決策風格、在壓力下的穩定度、對回饋的接受程度等。可作為潛力辨識的輔助資料，尤其在大量人才盤點時特別實用。

不過，這些測評僅具「預測」而非「定論」性質，應搭配前述方法使用，避免單一測驗結果成為唯一依據。

建立組織的潛力評估文化

評估潛在領導力不只是技術流程，更是一種文化選擇。當組織願意投注資源於潛力觀察、鼓勵非傳統表現、接受尚未成熟的可能性，就能開啟一條更具前瞻的人才發展路線。

別急著為每個人貼標籤，而是透過多元情境、多角觀察與開放機制，讓潛力慢慢浮現、被認可、被引導。這樣的文化，才能真正讓「未來的領導者」在今天就被好好看見與培育。

第四章　勝任力地圖：真正帶得動人的能力長什麼樣

第七節　勝任力模型的五大應用場景

勝任力模型不是擺設，而是人才管理的核心引擎

許多組織在建立勝任力模型後，最大挑戰不是設計，而是「用得起來」。一份再完善的模型，如果沒有被運用在日常管理中，最終也只是一份靜態文件。然而，勝任力模型的價值正是在於它能成為「人才管理的操作系統」，提供清晰的語言與架構，支持招募、培育、評估與升遷等核心流程。

以下整理出五種勝任力模型的關鍵應用場景，幫助組織將模型從理論轉為實務，發揮實質效益。

場景一：招募與選才

勝任力模型能協助組織在招募過程中明確界定「我們要找什麼樣的人」，不再只是看履歷上的經歷與學歷，而是對準角色實際需要的行為與特質。

例如：若模型中強調「跨部門整合」與「主動學習」，那麼面試設計就應該包含相關情境題或經驗分享題，並納入行為指標評分，取代純主觀印象或泛泛評語。這樣的方式能提升選才一致性與命中率，讓新進人才更快速適應並產出貢獻。

此外，模型也有助於建立招募團隊的共同語言，讓不同面試者有一致評估標準，降低「人選全憑緣分」的隨機風險。

場景二：績效管理與晉升評估

在績效評估中，勝任力模型提供了行為評估的參照架構。主管不再只是評斷「感覺好不好」、「有沒有做事」，而是對照模型中的具體指標進行觀察與回饋。

這不僅提升績效回饋的具體度，也能讓員工清楚知道自己在哪些行為上仍有發展空間。而在晉升討論時，模型更能作為選才依據，讓主管團隊聚焦於「這個人是否具備下一層角色的行為準備」，而非只看當前績效或年資。

透過模型建立的「視覺化行為標準」，能有效避免升遷爭議與內部不公感，也有助於形成公開透明的人才選拔文化。

場景三：領導力與關鍵人才培育

許多組織投入大量資源在主管培訓上，但成效不一，很大原因在於「不知道要教什麼」。勝任力模型提供了學習內容的地圖，讓培訓聚焦於「對角色重要的行為」而非「大家都應該會的技能」。

例如：若模型指出中階主管需強化「系統思考」與「情緒引導」，那培訓就應設計對應課程與行動學習任務，而非只安排通用溝通技巧。如此才能讓學習與工作連結，避免訓練成為抽離現場的活動。

第四章　勝任力地圖：真正帶得動人的能力長什麼樣

此外，模型也能作為高潛人才養成計畫（如 Talent Pool）的培訓藍圖，幫助組織以中長期觀點培養下一代領導者。

場景四：回饋文化與教練對話

在日常管理中，勝任力模型能成為主管與部屬之間的回饋語言。很多主管明知員工表現有待加強，卻不知如何具體表達；員工想進步，也不知從何著手。這時若有勝任力模型作為對話基礎，雙方就能以具體行為為出發點展開討論。

例如：「你在這次專案中，展現了模型中的『影響他人』這項能力，但在『整合意見』的行為上還有加強空間。」這樣的語言既明確又具引導性，也能降低防衛感。

此外，專業教練也可依據模型設計行為回饋架構，協助主管進行自我檢視與學習行動設計，讓勝任力成為發展而非評價的工具。

場景五：組織文化與價值落實

勝任力模型不僅用於個人，也能連結至組織文化的實踐。當模型中的行為指標與企業價值一致，便可成為文化推動的具體展現方式。

例如：若企業強調「開放創新」，那麼模型中應納入「擅於提出新觀點」、「接受不同意見」、「快速試錯後調整」等行

為,並透過各種人資制度(如表揚、晉升、獎金機制)強化這些表現,形成文化落實的閉環。

這樣的設計不僅讓價值實踐,也讓員工明白「做對什麼事情會被看見與肯定」,進一步提升組織一致性與向心力。

讓模型從靜態表格變成活的系統

總結來說,勝任力模型的價值不在於它設計得多精緻,而在於它是否被「真正使用」。唯有當它深入人才流程、內化於管理文化、成為回饋與發展的共同語言,它才能成為組織真正的領導力系統核心。

從招募到發展、從評估到文化,勝任力模型若能被活用,就能連結每一個管理節點,串起組織真正想要的人才樣貌與文化風貌。

第四章　勝任力地圖：真正帶得動人的能力長什麼樣

第八節　不同行業的勝任力需求差在哪？

勝任力沒有通用版本，必須依產業而調整

許多組織在導入勝任力模型時，常直接套用其他企業的模板，期待能快速見效。然而，領導者的樣貌深受行業特性、工作性質與組織文化影響，因此「一套模型走天下」的做法往往效果有限。

舉例來說，在高技術導向的半導體產業中，對領導者的技術判斷與專案節奏掌控能力有極高要求；而在醫療服務產業中，則更重視情緒承接、同理傾聽與跨專業溝通協調。若兩者使用同一份標準模型，不僅無法發揮精準評估功能，也可能造成用錯人才、教錯能力的後果。

因此，勝任力模型應依照產業特性調整結構與指標內容，讓模型與業務現場產生真正連結，才能成為有效的領導工具。

技術密集型產業：強調決策邏輯與專業影響力

像是資通訊、工程、生技等技術密集型產業，工作內容多與專業研判、高複雜度系統、快速問題解決相關。此類產業的領導者，除了需具備基本的人際協作能力外，更重要的是能在技術議題中做出清晰判斷，並用專業語言說服團隊。

這類產業的勝任力模型,往往在「決策品質」、「跨專業溝通」、「技術影響力」、「風險預測」等項目上有更高比重,並期待主管能在變化中保持邏輯與穩定。

此外,這些產業的主管若缺乏基礎專業知識,往往難以取得團隊認同,因此模型也需考量「專業深度」與「持續學習」作為潛力觀察點。

客戶導向型產業:重視服務態度與情緒引導

在零售、旅遊、醫療、美容、教育等高度客戶接觸的產業,主管不僅是任務帶領者,更是情緒氛圍的營造者。這些產業的前線人員面對的常是高變化與情緒挑戰,因此主管是否具備穩定性、理解力與即時協調能力,決定整體服務品質。

此類產業的勝任力模型會特別強調「同理心」、「回應速度」、「協調與安撫」、「現場觀察敏銳度」、「情境判斷」等面向,並鼓勵主管以身作則展現服務文化。

若只用一般績效或流程導向模型來看待這些產業的主管,很容易忽略現場互動的複雜與關鍵影響力。

法規導向型產業:強調程序正確與倫理意識

像是金融、保險、藥品、法律等產業,因其與法律規範、顧客資安、公共信任等高度連結,對於主管的風險意

識、判斷謹慎度與合規意識有明確要求。

在這類型產業中，勝任力模型會納入「道德判斷」、「程序遵循」、「利害關係人管理」、「風險預警」等行為標準，並將其作為核心指標之一。

若主管只追求短期績效而忽略流程正確與聲譽風險，就可能為組織帶來法律與信任災難。因此，這類行業中的領導選才與發展，必須兼顧績效與倫理的平衡設計。

創新導向型產業：鼓勵探索、試錯與快速疊代

新創、設計、遊戲、數位行銷等以創新為核心價值的產業，對領導者的容錯心態、疊代能力與多元觀點整合有高度需求。

這些產業的勝任力模型傾向強化「鼓勵冒險」、「容許試錯」、「迴響式溝通」、「創意思維」、「快速決策」等能力項目，並重視領導者能否在模糊中引導方向、激發團隊熱情與共創。

在這樣的環境中，傳統權威式領導往往無效，反而需要展現更強的啟發力與開放性，讓模型反映這類非線性管理需求。

建立產業特化模型的三個關鍵步驟

若要讓勝任力模型貼近行業需求，可從以下三個步驟展開：

1. 訪談與田野觀察

針對該行業優秀主管進行深度訪談，蒐集實務行為與案例。觀察主管如何處理日常難題與突發事件，是模型真實性的來源。

2. 結合產業關鍵指標

參考業界評價方式與常見挑戰（如客訴率、專案週期、法遵罰則等），轉化為行為語言對應模型。

3. 滾動式更新與疊代

隨產業變化調整模型內容與比重，讓模型成為動態工具，而非一次性的文件。

行業模型，讓人才策略更精準有效

我們不只是在建構一套領導行為標準，而是在回應「我們這個行業最需要什麼樣的人」。當勝任力模型能夠貼近行業語言、回應現場情境與文化邏輯，它就不再只是理想標準，而是真正落地的領導指南。

不同行業需要不同領導力組合，而好的模型，就是讓每個產業都能找到屬於自己的優秀領導者，走出專屬於那個領域的成功之路。

第四章　勝任力地圖：真正帶得動人的能力長什麼樣

第九節　領導者的自我勝任審視

領導力的第一步：認清自己站在哪裡

在組織中，許多主管往往忙於推動團隊任務，卻忽略了對自身勝任力的反思與盤點。然而，真正具備成熟領導力的人，通常都會不斷問自己：「我現在的領導方式，真的有效嗎？」、「我是否展現出組織期待的行為？」、「哪些領導習慣正在幫助我，又有哪些在拖累團隊？」

自我審視不是為了檢討，而是為了覺察與調整。領導並非靜態資格，而是一連串行為的持續展現，唯有透過不斷校準，才能持續與環境、團隊與角色需求保持一致。當主管願意定期進行自我勝任審視，不僅能提升管理效能，更能在快速變動的環境中維持學習與成長的能力。

如何開始進行勝任力自我盤點？

自我審視並非要成為心理專家或進行複雜測驗，而是透過簡單工具與具體行為觀察，幫助自己對現況有更清晰理解。

首先，可依據組織或產業設定的勝任力模型進行自我對照，評估自己在各項關鍵行為上的表現。例如：將五到七項關鍵能力列出，並用 1～5 分進行自評，接著針對分數偏低

的項目撰寫具體實例，思考該項能力為何落後，以及未來可以如何調整。

其次，也可透過「情境回顧法」來進行行為審視。挑選最近一次專案、一次衝突處理或一次跨部門合作經驗，問自己：當時的我採取了哪些行動？這些行動帶來了什麼結果？若能重來，有沒有不同做法？這種具情境的反思方式，能幫助主管回到真實互動場景，更容易發現盲點與突破點。

結合他人回饋，補上自我認知的盲區

再清晰的自我觀察也會有視角限制，因此，善用來自上司、同儕與下屬的回饋，是自我審視的重要補充。這並不一定需要正式的 360 度問卷，也可以透過定期對話、回饋練習或非正式討論，了解他人眼中的自己。

建議主管主動詢問：「我最近在帶會議或處理事情時，有沒有哪個地方你覺得我可以更好？」、「如果是你來帶這件事，你會怎麼做？」這類問題有助於營造開放氣氛，也讓部屬與同儕知道，主管是願意學習與進步的。

此外，也可建立「行為回饋小組」或與可信任的同事互為教練，定期交換彼此的觀察與建議，在相互對話中強化自我覺察能力。

第四章　勝任力地圖：真正帶得動人的能力長什麼樣

善用週期性檢視工具，打造長期成長紀律

一次性的審視或許能帶來短暫覺察，但若要真正內化與調整，仍需建立週期性檢視機制。例如：每季進行一次自我勝任盤點，每半年安排一次回饋討論會，每年設定一到兩項行為成長目標，並追蹤進度。

這種定期校準的節奏，不僅能讓主管時時與組織需求對齊，也能避免因過度忙碌而忽略自我調整。尤其在變動劇烈的市場環境中，只有具備持續調整能力的領導者，才能真正具備韌性與競爭力。

許多高績效主管的共通習慣之一，就是「自我導向學習」，而勝任力審視正是這種學習態度的具體落實。

自我勝任審視，讓領導回到初心與本質

領導的核心不在於技巧，而在於態度與動機。自我勝任審視的過程，不只是檢查哪些行為有待強化，更是一段回到初心的旅程：我為何想帶領這個團隊？我希望我帶領下的團隊長成什麼樣子？我是否每天都在靠近這個目標？

當主管能以這樣的高度進行反思，不僅能提升自己，也能以身作則，帶動團隊形成反思與成長文化。這正是組織最需要的成熟領導力典範：不只是執行目標，更是在面對未來時，始終準備好成為更好的自己。

第五章

領導是陪跑：
培養而不是取代

第五章　領導是陪跑：培養而不是取代

第一節　主管不是「解決問題」的英雄

問題不是你一個人的責任

許多主管在面對下屬提出的難題時，常不自覺地扛起責任，把所有狀況攬在自己身上處理。這種習慣，在剛升任主管時尤其常見。看似負責任，實際上卻可能剝奪了團隊成員自己面對挑戰與解決問題的機會。長期下來，反而會讓成員習慣依賴主管，失去主動思考的能力。

心理學稱這種現象為「習得性無助」（learned helplessness），當成員發現無論自己做不做決策，最後問題都會被主管接手，他們就會逐漸停止嘗試，甚至不再認為自己需要對結果負責。主管雖然出發點是想要保護團隊，但無意間卻替成員畫了一道成長的天花板，讓整體能力停滯不前。

真正成熟的主管，懂得界定責任的邊界。不急著「出手解決」，而是先觀察問題是否已被清楚理解、成員是否具備資源與決策空間。領導的關鍵，不在於你能多快解決問題，而在於你能不能讓團隊學會自己解決問題。

別把領導力變成「英雄習慣」

當主管習慣被賦予「解決者」的角色，就容易掉入「英雄心態」的陷阱。這種心態會讓人誤以為，只有自己能處理複

雜情境、只有自己能穩住局面。問題是，當團隊所有決策都集中在一人身上，就無法分散風險與擴展能力，組織的運作反而會變得更脆弱。

心理學研究指出，若主管總是在第一時間「介入處理」，成員會自然退位，將責任歸還給主管，甚至在關鍵時刻選擇旁觀。這不只是影響決策效率，更會慢慢侵蝕團隊的主體性與信任感。久而久之，團隊將不再嘗試，也不再承擔。

領導者應該擺脫「我來救場」的思維，轉向「我來啟動團隊解方」的觀念。不是讓問題變成主管的獨角戲，而是設計一個讓大家都能參與、討論與承擔的環境。這才是能讓團隊從依賴走向成熟的第一步。

領導的重點是培養，而不是代勞

管理學強調「角色轉換」的重要性。從執行者升為主管，代表的不只是位階的改變，更是責任邏輯的轉換。你不再是問題的親自解決者，而是要成為「問題處理能力的擴散者」。

這需要主管有意識地練習「讓出空間」：讓團隊自己界定問題、評估選項、承擔風險，並從中學習。這樣的歷程雖然可能比較慢，也比較容易出錯，但正是透過這些不完美的歷程，成員才會逐漸培養出獨立判斷與應變能力。

若主管習慣「介入就是效率」，那麼組織文化將慢慢滑向單一決策、單點責任與低學習動能的狀態。相反地，若主管

第五章　領導是陪跑：培養而不是取代

願意在一旁陪跑、協助、觀察，並在關鍵時刻提供支持，那麼團隊將有機會成為一個真正能自我運轉的系統。

快速處理不代表有效領導

職場上講求效率，這沒有錯；但效率不代表要由主管親自完成每一件事。很多時候，主管的「快速出手」雖然當下看起來有解，但背後付出的代價是團隊能力的減損。這種代價，往往在壓力升高或人手不足時才會浮現。

要成為真正高效的領導者，需要重新定義「效率」的含義：不是「我自己完成得快」，而是「我讓團隊有能力自己處理得好」。換句話說，效率不是時間快慢，而是可持續的能量配置。能夠長期運作、不仰賴特定個人的決策體系，才是真正穩定而有彈性的組織效率。

因此，當主管面對問題時，第一個問題不該是「我要怎麼做」，而應該是「這件事由誰來做最適合？我可以怎麼幫他做得更好？」這樣的思考方式，才會讓團隊與主管一起成長，而不是形成權責不對稱的依賴關係。

陪跑的角色，才是領導的本質

領導者不該是衝在最前線的人，而應該是引導他人找到節奏、站穩腳步的人。主管的價值，不是靠處理最多問題來證明，而是靠讓最多人有能力處理問題來展現。

第二節　團隊學習，是主管的底層任務

帶動學習，是主管的責任不是附加價值

許多主管對「學習」的期待，仍停留在員工的個人責任，認為只要給予訓練資源、安排外部課程，其他就靠員工自我要求。但在組織發展的實務經驗中，真正讓團隊變強的關鍵，從來不是學什麼課，而是主管怎麼讓學習變成日常文化。如果學習只是偶爾參加的活動，而非每天工作的基礎，那麼再多資源也無法養出成長型團隊。

根據成人學習理論（andragogy），有效的學習來自實務操作、即時回饋與自主參與。這代表主管不是負責「指派學習」，而是要能引導學習、營造討論、設計反思機制，並把學習變成每天工作的一部分。如果主管自己不投入、不引導、不追蹤，那麼學習永遠只是講義上的字，與現場無關。

換句話說，團隊學不學得起來，關鍵不是課程好不好，而是主管有沒有讓大家感受到「這件事值得學」，以及「你學了之後有人會關心、有機會用得上」。主管不能只是講學習重要，而要讓學習變成重要的事情。

第五章　領導是陪跑：培養而不是取代

學習不是靠講道理，是靠被看見進步

團隊學習成效為什麼常常低落？不是因為同仁不願意學，而是因為他們學了之後沒有被看見、沒有被肯定、也沒有被使用。久而久之，就會出現學習疲乏，甚至認為「學再多也沒用」。這種現象在組織行為學上被稱為「結果落差感」，也就是當行動與成果之間缺乏連結，動機就會快速流失。

主管要打破這種斷裂，就要做到三件事：第一，針對每個人的學習進度給予具體回饋；第二，在日常工作中創造應用學習成果的舞臺；第三，主動表揚願意實驗與調整的人，讓大家知道學習是有價值的行為。

當學習與工作整合，學習才不會變成額外的負擔；當成員知道自己的努力會被主管看見、會影響未來表現評估，那麼學習才會有實質動能。領導者的任務，是讓成員相信：「只要我願意成長，就一定有地方用得上我新的能力。」

主管不學，就無法帶出學習文化

想要團隊進步，主管自己就不能停在原地。很多時候，團隊卡住，不是因為下屬不願學，而是因為主管自己已經不學，或是不願改變帶領方式。當主管習慣以過去的經驗主導一切，那麼團隊自然也會選擇保守、不再探索新的方法。

第二節　團隊學習，是主管的底層任務

學習文化不是靠要求建立，而是靠模仿與影響力累積。當主管願意分享自己最近學到的新觀點、在會議中主動提出思考角度、甚至承認自己也正在學，這些微小行為才是學習文化真正的根基。因為團隊會從主管的行為中，判斷「這個組織到底重不重視學習」。

主管如果只是要求別人學，而自己毫無行動，那麼成員也會選擇觀望，甚至冷淡以對。反之，主管願意自己當第一個學習者，才有機會帶動其他人一起前進。

從錯誤中學，比從成功裡快得多

學習不是只靠「上課」的活動累積，而是透過每一次經驗、反思與修正形成。尤其是在錯誤發生時，更是最好的學習時刻。只不過，多數主管在錯誤發生後的第一反應是找出責任歸屬，而不是啟動學習回饋。這樣的態度，不僅無法改善問題，更會讓團隊陷入防衛與自保，無法真正從錯誤中前進。

建立學習型團隊的第一步，就是讓錯誤成為可以被討論的素材，而不是需要被隱藏的風險。這需要主管具備兩種態度：一是誠實面對錯誤，不逃避也不責難；二是協助團隊整理經驗，找出行為與結果之間的關聯，並設法建立新的做法。

第五章　領導是陪跑：培養而不是取代

當錯誤不再是指責的對象，而是學習的起點，整個組織才會開始正向運作。因為團隊會知道：即使失敗，也能學到什麼，也會被肯定努力與修正。這種氛圍，才是真正的學習文化核心。

學習型團隊，不是自動生成，而是要刻意設計

很多主管誤以為，只要人找對了，團隊自然會進步。但事實上，沒有任何一個團隊會在「放著不管」的情況下自己變強。所有的學習型團隊，背後都來自主管的刻意設計與長期累積。

這些設計包括：定期的回顧機制、明確的學習目標、跨部門的經驗交流機制，以及一個開放安全的討論文化。這些都需要主管投入時間、建立流程、追蹤進展，不能只交給人資部門或教育訓練單位。

好的學習文化，不是從獎勵開始，而是從價值感建立開始。讓團隊相信：「學習不是因為我不夠好，而是因為我值得變更好。」當這種信念深入每個人的工作日常，整個組織的學習力與創新力，才會真正被打開。

第三節　從給答案到激發答案的轉變

「有問題就問我」不代表好主管

　　許多主管在剛升任時，為了展現自己熟悉業務、能解決問題，往往會說：「有問題就來問我。」這樣的開放姿態初看之下像是樂於協助，但久而久之，團隊就會習慣於「有問題找主管」，而不是「我能不能自己先想一想」。主管也因此變成了「回答機器」，被一堆大大小小的提問綁住，無法做真正重要的事。

　　組織心理學指出，當下屬的每一次提問都被主管直接回答，而非引導他們思考，會慢慢削弱員工的主動性與判斷力。這種現象在現代快速變動的工作場域尤其危險，因為主管不可能永遠在場、也不可能懂所有細節。真正的領導者，不能只是回答問題的人，而要是能讓別人也能產生答案的人。

　　要做到這一點，首先要放下「主管就該知道最多」的執念。因為管理的重點不是知識掌握，而是能力擴散。你知道得再多，不如你能幫助十個人知道得更多，來得有價值。

第五章　領導是陪跑：培養而不是取代

問問題，比給答案更難也更重要

我們太習慣用「傳授知識」的方式管理人，卻忽略了「提問」這件事，才是真正打開思考的鑰匙。當主管給出答案時，問題的定義已被固定；但當主管問出好問題時，思考的空間才會被打開。

認知心理學指出，人們的大腦在面對未知時，會產生探索動能。當主管用問句引導部屬，例如「你覺得這樣做的結果會是什麼？」、「還有其他可能的做法嗎？」、「如果你是客戶，你會怎麼看這個方案？」這些提問都能促進部屬啟動更高層次的思考迴路。

主管的角色不再是提供正確答案的那個人，而是能不斷幫助別人優化問題定義、拓展解法視角的人。這樣的領導方式，不僅能培養出獨立思考的團隊，也能讓主管真正從「解題者」的角色中解放。

先壓住給答案的衝動，讓空間出現

當下屬問問題時，大多數主管會有一種本能反應：我知道，就告訴你；你不懂，我來解釋。但這種反應雖然快速，卻封閉了對方思考的空間。特別是當部屬還沒完整表達完、問題還沒釐清時，主管就給出方向，會讓對方自動放棄思考，甚至連後續狀況也不再回報。

第三節　從給答案到激發答案的轉變

領導者要練習的第一步，是「延遲介入」。當聽到問題時，不是急著回應，而是先問：「你目前的想法是什麼？你有試過什麼？你最卡的是哪一段？」這三個問題能幫助部屬釐清思路，也能讓主管看見對方的思考路徑。

同時，這也是對部屬的一種信任表達。你不是「我幫你解決」，而是「我相信你能解決，只是我陪你釐清」。這樣的關係基礎，比一百次正確答案還更能建立自主與成長的文化。

把回應變成思考引導，而不是知識輸出

一個成熟的領導者，應該將對話設計成一場思考的旅程，而不是單向的知識傳遞。每一次被問問題，都是一個重新訓練對方思考模式的機會。

具體來說，可以使用「遞進式引導」的技巧，例如從「你遇到什麼問題？」開始，進而問「你覺得造成這問題的原因是什麼？」再到「你想要什麼樣的結果？」最後引導到「那你能做什麼來試試？」這樣的順序讓對方從反應轉為判斷，再從判斷轉為行動。

如果主管只是重複給出做法，部屬只會習慣照做；但如果主管訓練的是「如何判斷做法是否合適」，那麼這樣的思考習慣會延伸到每一個新情境中，產生真正可複製的能力。這樣的訓練，才是組織成長的基礎動能。

第五章　領導是陪跑：培養而不是取代

啟動成長型思維的團隊，從放下答案開始

團隊要進步，不能靠一個人一直給答案；而是要靠大家都願意一起找答案。這種文化的起點，不是擁有一個全知的主管，而是擁有一個願意讓出答案的主管。

這不表示主管不需要專業，而是當主管知道該怎麼做時，也願意留一點空間讓團隊去思考與實驗。當團隊開始習慣被問問題，而不是被餵答案，他們的參與感、責任感與創造力，才會真正被喚醒。

領導不是要掌握最多的資訊，而是能建立一個讓思考自然發生的環境。你要做的，不是讓每個人都有問題時來找你，而是讓每個人遇到問題時，會先自己想、敢自己決定，也願意一起承擔。這，才是從管理者走向引導者的轉變起點。

這意味著，主管要練習當一個「教練型領導者」：幫助成員定義問題、陪伴他們拆解困難、提供必要資源與回饋，然後退一步，讓他們去完成。不是自己跑最快，而是讓大家都能跑得穩、跑得遠。

在這樣的過程中，主管要練習忍耐團隊的「不完美」、接受成員的「學習期」，並且不急於回收控制權。因為你真正要建構的，不是成就一個人的效率，而是打造一整隊人的成熟。當你不再急著成為解方，而願意成為一個願意讓他人成為解方的人，才真正完成了角色的轉換。

第四節　培養人才不能靠說，而要靠做

用行動示範，才是真正的教學

很多主管以為只要把「道理講清楚」，員工就能學會；只要強調「這很重要」，團隊就會重視。但實際上，在職場中，最有效的教學方式從來不是語言，而是行動。

這表示主管自己怎麼做，才會決定團隊最後怎麼學會。你是否主動面對困難、是否持續改進流程、是否願意承認錯誤與調整策略，這些都是團隊每天觀察的素材。如果主管講得再多，自己卻不改、不做、不學，員工感受到的只會是落差，而不是啟發。

帶人是身教，不是話術。要讓別人願意跟你學、信你帶得動，靠的是你每天怎麼做事，而不是你怎麼說事。

別把「教人」當作額外任務

不少主管認為：「我現在事情已經很多了，還要教人，真的沒時間。」這種想法其實隱含一個錯誤認知——把教人當成「附加任務」，而非主管職責的核心之一。事實上，培養人才不是多餘的任務，而是每一位主管的本分。

若只靠主管自己能幹，永遠只能做出自己能完成的量；但若能讓更多人變得能幹，就能讓整體產能倍增。從組織效

第五章　領導是陪跑：培養而不是取代

能的角度看，教會一個人遠比親自做完更具長期價值。這不只是時間投資的概念，更是角色轉型的起點。

真正的帶領，不是自己能力強，而是能讓更多人變得強。如果每次都說「我來比較快」，那麼團隊只會越來越依賴你，最終你自己會變成組織成長的瓶頸。

教不是講解，而是讓對方實作

培養人才不是開一堂課、寫一本 SOP 就完成了。真正的學習，需要讓對方實際參與、反覆練習、從錯誤中成長。主管要做的不是「把知識搬出來」，而是「創造可學習的情境」，讓部屬能夠邊做邊學。

在這過程中，主管的角色不是教練席的評論員，而是要在一旁觀察、回饋、提供支援。讓對方主導工作，而不是永遠接手。每一次的委派任務，其實都是一個訓練場。你可以問：「你想怎麼做？」、「這件事你可以先試哪個方向？」這些問題讓學習者進入思考狀態，也會讓他們感覺到這是「我在練，而不是我在被管」。

學習不能只有模擬，更要有真實負責的機會。主管要有意識地安排部屬去接觸關鍵任務、跨部門協作或簡報機會。因為只有真實壓力，才會啟動真正的學習動力。

有效的培養,需要結構與節奏

許多主管願意帶人,但常常帶到一半就氣餒,因為部屬學得慢、出錯多、進度拖。這種狀況其實不是人才沒潛力,而是培養的方式缺乏結構與節奏。若教學沒有步驟、沒有回顧點、沒有目標設定,很容易讓雙方都失去信心。

主管在帶人時,要先界定清楚階段性目標,例如:「這個月只要能獨立完成報告框架,不求精緻」、「這次重點不是結果,而是能夠進行內部協調」。這樣可以避免把所有責任一次丟給學習者,也能讓每一階段的進步被看見。

同時,主管要安排固定的檢視與回饋時間,不是等到結果出來才一次檢討,而是在過程中就有機會調整方向。這樣的節奏能讓學習更有安全感,也讓錯誤變成成長的助力。

培養人才,是一場自我修練

在培養他人的過程中,主管往往也會重新對照自己:我是否清楚我的做法?我是否能解釋為什麼要這樣做?我是否有耐心接受別人不如預期?這些提問,都是領導者的修練功課。

培養人才,不只是讓對方進步,更是讓自己成為更有組織力、觀察力與引導力的領導者。當你願意投入時間與心力去幫助別人成長,你也正在打磨自己的帶人能力,並建立一

第五章　領導是陪跑：培養而不是取代

個可以延續的文化。

　　領導者不是靠自己有多強，而是靠能不能把強的人帶出來。當團隊成員開始說：「這是我自己學會的，不是主管做給我看的」，那麼你就不只是完成了任務，而是培養出未來能完成更多任務的人。這，才是領導的真功夫。

第五節　領導不是講道理，是給舞臺

理念再好，沒有舞臺也落空

許多主管在帶人時喜歡講道理：講價值、講責任、講方法，但最常遇到的問題就是「員工聽得懂，卻做不到」。不是因為他們不認同，而是因為在組織裡缺乏實踐的空間。沒有任務的機會、沒有試錯的空間、沒有能見度的舞臺，即便理念說得再動聽，終究無法轉化成真正的行動力。

組織心理學強調，「學習動機」與「行動機會」必須同時存在，個人能力才會被激發。也就是說，主管若只重視觀念傳遞，卻不給人實驗的機會，這樣的培養就是單向的說教。長期下來，團隊會產生一種「知道很多，但做不出來」的學習癱瘓感。

真正的帶人，是把重要任務讓出來，而不是把道理講出來。因為只有在實際承擔中，個人才會開始真正思考：我要怎麼做得更好？這才是能力累積的起點。

機會，是讓人成長的最佳動力

給舞臺，不代表要一次就給關鍵決策權，而是能夠分階段設計參與任務的方式，讓成員逐步從執行者變成思考者，再成為帶領者。這過程最關鍵的不是「交代」，而是「授

第五章　領導是陪跑：培養而不是取代

權」——主管是否願意相信對方能處理，是否願意承擔對方試錯的風險。

如果主管總是等到員工表現完美才願意給機會，那麼員工永遠無法累積實戰經驗。反之，若能在風險可控的情境下先讓對方嘗試，不僅能提早觀察其潛能，也能讓學習動力更具體明確。

最好的成長，不是來自知道自己錯在哪裡，而是來自「曾經被信任」。一旦成員感受到主管願意給我一個空間去試，我就會傾全力去做到最好。這種信任本身，就是最深的激勵。

舞臺不只是任務，更是被看見的機會

許多主管願意交任務，卻忽略了「讓努力被看見」的重要性。所謂給舞臺，不只是讓員工去做事，更是讓他們在組織中被看見、被聽見、被肯定。否則做再多，只是無聲無息地消耗。

這包括讓團隊成員有簡報機會、有參與決策討論的空間，甚至在高層會議中能讓他們呈現成果。這些看似「形式」的安排，實際上對員工的認同感與歸屬感有極高影響。

當一個人知道自己的努力會被注意、會被討論、會有後續影響力，那麼他自然會更投入、更自律、更負責。因為這不再是做給主管看的任務，而是自己在組織中立足的舞臺。

第五節　領導不是講道理，是給舞臺

道理不難，難的是成為示範

講道理，是一種表達；但給舞臺，是一種讓渡。主管常陷在一個迷思：只要我把方法講清楚，你就應該做得出來。但實際上，員工是否願意做、是否敢嘗試，關鍵在於他們是否看到主管的身體力行與實際支持。

如果主管說要開放心態，自己卻凡事定調；說要鼓勵創新，卻對失敗零容忍；這樣的落差會讓團隊陷入「只聽話，不思考」的安全區域。反之，當主管願意承認自己也在學、願意主動讓出決策權、願意公開稱讚部屬的突破，這些示範才會讓組織文化開始改變。

舞臺不是形式，而是一種關係配置：主管願意從中心退一步，讓成員走上前線。這不只是任務分配的技巧，而是領導者人格的成熟。

給舞臺，是對未來的投資

最後要提醒的是，給舞臺不是為了現在的工作完成度，而是為了未來團隊的自我運作能力。主管自己做得快、做得好，固然重要；但真正關鍵的是，當你不在場時，團隊是否還能持續運轉、是否能夠獨立做出正確判斷。

這樣的能力來自於「做中學」，而不是「聽中學」。來自於「被信任的經驗」，而不是「被交代的任務」。每一次你選擇多

第五章　領導是陪跑：培養而不是取代

講一次道理，少讓一次人實踐，就是讓未來的組織多一分依賴、少一分成長。

所以，停止只靠說服人去改變，而是開始設計一個可以讓人發揮的環境。當每個人都能站上屬於自己的舞臺，並且在舞臺上學習、修正、成長，這樣的組織才是真正具備永續競爭力的團隊。

第六節　教練型領導的五個步驟

領導不是「指導」，而是「引導」

傳統的領導方式常以「指示」為主，主管講得清楚、下屬聽得明白、照著做就好。但這樣的方式，容易讓團隊成員停留在被動接受的狀態，無法真正發展出主動思考與行動的能力。教練型領導（coaching leadership）提供一種不同的觀點：與其告訴對方怎麼做，不如幫助對方自己找到方法。

這種領導方式的核心在於：主管不再是答案的擁有者，而是思考的陪伴者；不是決定怎麼做的人，而是協助他人成為能夠獨立判斷的人。研究顯示，教練式的互動能提升員工的責任感、自我效能與組織參與度。簡單來說，當你信任別人能做，他們就會更願意學會怎麼做。

教練型領導不是「放手不管」，而是一種結構化的引導，透過五個步驟有意識地支持部屬成長。這些步驟需要練習，但一旦內化，就會成為最有影響力的領導方式之一。

第一步：聽出問題背後的「卡點」

很多人會把「聽」當作禮貌，但真正的聆聽，其實是對訊息進行解碼。當部屬來報告問題或表達困難時，教練型領導者不急著解答，而是先聽出語句背後的卡點：是資訊不足？

第五章　領導是陪跑：培養而不是取代

信心不夠？還是對流程有誤解？

這需要主管有能力去辨識語言與情緒之間的落差。例如對方說「我試不出來」，可能代表「我不確定我做的方式對不對」；說「時間太趕了」，也許真正意思是「我不知道該如何分配優先順序」。

要聽出這些潛在問題，主管需要放慢節奏，讓對方多講一點，多表達一點，並且透過追問釐清語意。這是一種尊重，也是一種診斷。因為只有先找出問題的真相，後續的引導才有根基。

第二步：問出思考而不是代替思考

教練型領導者的第二步，是提出能激發對方思考的問題，而不是直接給出結論。這些問題不是考試題型，而是開放式問題（open-ended questions），目的是讓對方重新組織思路、拓展視角。

有效的引導問題通常具備以下特徵：聚焦行動而非情緒、引導反思而非辯解、協助預測後果而非尋求對錯。例如：「你覺得目前卡住的地方是哪裡？」、「如果你是客戶，你會怎麼看這個方案？」、「假設你多一週時間，會怎麼重新安排這項工作？」

問問題不是只是流程，而是建立一種信任感：我相信你有能力思考，我願意花時間陪你釐清。這種關係本身就能提升部屬的主體性，也會讓他們更願意對結果負責。

第三步：設定可實踐的行動計畫

當部屬對問題的理解逐漸清楚後，下一步就是協助對方擬定行動策略。這裡的關鍵在於「具體、可衡量、時限明確」的行動，而非模糊的善意。例如不要說「把專案再想清楚」，而是「在三天內提出三個替代方案，並說明每一個的優劣」。

主管的任務不是制定行動，而是和對方一起確認：「你目前可以做到的第一步是什麼？需要哪些資源？可能遇到哪些困難？誰可以幫你？」這些對話可以避免過度理想化的計畫，也讓部屬更有現實感。

教練型領導者不要求完美，但要求開始。因為只有先做出第一步，才會有學習與修正的空間。這種帶領方式，能夠有效降低部屬對挑戰的恐懼，也能幫助他們累積行動的信心。

第四步：在過程中給予即時回饋

教練型領導不是放任部屬自己去闖，而是在過程中提供有建設性的回饋。即時回饋的重點在於「具體、就事論事、關注行為而非人格」。例如：「你這次簡報的邏輯比上次清楚很多，但圖表順序有點混亂，我們來一起調整看看。」

這樣的回饋可以同時兼顧肯定與修正，不會讓部屬因批評而退縮，也不會因稱讚而失去警覺。重要的是，主管要有

第五章　領導是陪跑：培養而不是取代

意識地創造「可談論失敗」的文化，讓成員知道錯誤不等於否定，而是成長過程的一部分。

此外，主管也要留意自己的語氣與態度，避免回饋變成指責或嘲諷。當部屬感受到回饋是為了幫助，而不是否定，他們就會更願意打開自己，也更願意持續調整。

第五步：定期回顧，累積成長軌跡

最後一個步驟，是透過定期的回顧機制，幫助部屬整理學習歷程、調整策略並確認進步軌跡。這不僅能提升自我覺察，也讓成員知道：每一段努力都有被記得，每一個挑戰都不是白費。

這樣的回顧不需要太制式，可以透過每月一次的一對一會談、專案結束的復盤討論或年度成長對談來進行。重點在於讓部屬自己說出「我在哪裡有進步？還有哪些地方想再挑戰？」主管的角色是協助總結、補充觀察、提出下一階段的可能目標。

當部屬看到自己累積的軌跡，他們會更相信自己是有能力持續進步的。而這樣的自信，會成為下一個挑戰的養分。

教練型領導不是一套技巧，而是一種觀念的轉變：從「我帶你做」轉向「我幫你成長」。五個步驟看似簡單，卻需要不斷練習與調整。當主管願意練習這樣的帶人方式，不僅團隊會變得更成熟，領導者也會成為真正有影響力的人。

第七節　如何讓回饋變得可被接受？

回饋不是批評，而是幫助對方看見選項

多數主管在面對部屬表現未如預期時，往往陷入一種兩難：不講，事情無法改善；一講，對方就防衛、受傷或冷淡以對。這樣的困境讓許多主管逐漸放棄回饋，轉而用沉默或評分表面應付，但這樣不但無法促進成長，還會造成彼此的信任流失。

其實，回饋的真正目的，不是指出錯誤，而是幫助對方看見行為與結果之間的關聯，並重新選擇行動路徑。當主管的出發點是為了幫助，而不是批評，回饋就不再只是「找碴」，而是「開路」。

心理學研究也指出，回饋之所以被接受，取決於對方感受到的「關係安全感」與「目的明確性」。也就是說，對方要相信你是為了他好，且你說的話有明確方向，才會打開耳朵與心門。

不被接受的回饋，通常出在「方式」

很多主管誤以為，回饋被拒絕是因為對方太玻璃心，卻沒注意到自己說話的方式是否具備同理與精準。常見的問題包括：只說模糊的感覺（例如「我覺得你不夠積極」）、不區

第五章　領導是陪跑：培養而不是取代

分行為與人格（例如「你這樣很沒責任感」）、或者一次講太多問題點，讓對方招架不住。

有效的回饋應該是具體、單一、可行的。主管要能說出：「你在簡報中跳過了市場分析那段，導致觀眾無法理解方案背景。」而不是：「你簡報很亂。」前者讓對方知道要改什麼、為什麼要改；後者只會造成情緒壓力。

此外，主管還要觀察對方的接收狀態。如果情緒明顯緊繃、神情抗拒，此時不是堅持講完，而是緩一緩，先問：「你現在聽得下去嗎？我們要不要等一下再談？」給予對方喘息空間，有時反而讓回饋更有效。

建立「可對話」的氣氛，而非「一對多」的訓話

主管回饋時，最怕的是把對話變成單向輸出。若部屬覺得自己只能點頭說好，無法釐清、不敢提問，那麼即使回饋正確，也不會產生真正的影響力。

一個健康的回饋過程，應該像是共同探索問題，而非上對下的糾錯。主管可以這樣開始：「我觀察到一個現象，想聽聽你的看法。」或是：「我們一起來想，這個情況下有沒有更好的做法？」這樣的開場方式不只降低防衛，也讓對方有參與感。

對話式回饋的重點不在於說服對方認錯，而是在於讓雙方理解行為背後的動機與脈絡，再一起討論如何調整。這樣的歷程不僅更能被接受，也更有可能轉化成行為改變。

正向回饋，不能只在表現好時給

回饋不只是在表現不佳時給予修正，更應該在進步過程中給予肯定。正向回饋的功能，是強化行為與動機的連結，讓對方知道：「這樣做是有價值的、是被看見的。」

很多主管習慣把注意力放在問題上，忽略了正向行為的即時讚賞。尤其在成員正處於學習曲線初期時，任何進步都值得被提醒。例如：「你這次的流程規劃比上次更清楚，尤其是在任務分配的部分，改善很多。」這樣的具體回饋，比一句「做得不錯」更能激發內在動機。

回饋文化的建立，來自於主管願意看見每一段努力，而不是只在結果出現時才評論。當正向回饋變成日常，部屬也會更願意接受修正建議，因為他知道，這不是一種否定，而是互信關係的一部分。

回饋不是一次性，而是持續的關係歷程

最後要強調的是，回饋不應該是偶發事件，而是管理關係的一部分。唯有當主管與部屬之間建立起持續的對話關係，回饋才不會帶來情緒震盪，而是成為日常的一種提醒。

這代表主管要願意固定安排回顧時間，不只談績效，更談合作感受、目標落差與未來期待。這些對話不需要長篇大論，重點是「有對話、有反應、有行動」。

第五章　領導是陪跑：培養而不是取代

　　當回饋不再是一件需要鼓起勇氣的事，而是像喝水一樣自然，那麼整個團隊的信任密度與學習速度都會顯著提升。畢竟，沒有人喜歡被糾正，但每個人都需要被提醒。

　　願意給回饋的主管，是一種勇氣；願意讓回饋變得可被接受，是一種智慧。

第八節　組織學習文化的建立方法

文化不是宣傳出來的，是日常行為累積的結果

許多企業在推動學習時，會先製作一份漂亮的「學習願景」或「人才發展策略」，希望透過制度與口號建立學習型文化。然而現實卻是，真正決定學習文化能否落地的，不是公告的內容，而是每一天裡主管怎麼回應問題、怎麼看待錯誤、怎麼回饋部屬的行為。

組織文化是一種集體行為的常態。換句話說，如果平常的互動沒有學習成分，那麼無論策略多完整，都無法形成真正的學習氛圍。文化的形成來自「可重複的行為模式」，如果主管每天都願意問問題、分享學習、容許實驗，久而久之，這樣的氣味會變成習慣，團隊也會自然跟上。

所以，學習文化不是從「訓練部門」開始，而是從「主管的日常互動」開始。真正的轉變，需要靠持續一致的行為，才能從口號變成現實。

學習文化的第一步，是降低風險感

很多人說組織不愛學，其實根本不是不想學，而是不敢學。因為在高績效、高壓力的環境下，學習意味著暴露不足、承認不會、甚至可能失敗。當這些結果被放大檢視時，

第五章　領導是陪跑：培養而不是取代

員工自然傾向「少做、少錯」的自保策略。

要建立學習文化，第一步不是要求每個人變得主動，而是營造「學習是安全的」氛圍。這代表主管要示範「可以不知道」、「可以修正」、「可以試錯」的態度。例如在會議中，主管願意說出「這個我也沒想清楚」、「我們可以一起研究」這類語句，會讓團隊感受到：學習不是弱點，而是一種成熟。

降低風險感的另一個方法，是從制度面調整評估方式。不把短期成效當唯一指標，而是同時評估「成長幅度」、「創新嘗試」與「學習行為」。這些評分項目雖不如數字清楚，但卻是文化真正轉動的關鍵槓桿。

把學習變成工作流程的一部分

在多數職場中，學習被視為「離開工作」的一件事，必須請假、離開職位、上完課再回來。但這樣的觀念會讓學習變得斷裂與邊緣化，員工也容易覺得「學完用不上」，或「工作太忙不能學」。

要解決這種落差，關鍵是讓學習與工作整合。例如：開會不只討論進度，也保留 10 分鐘分享一個錯誤經驗或最新觀察；每次專案結束後，不只寫成果報告，也做一次簡單的學習檢討；甚至在績效面談中，除了談目標，也談成長。這些都是把學習變成工作流程的方法。

第八節　組織學習文化的建立方法

當學習不再是「另外一件事」,而是工作中的一部分,員工才會開始習慣學習的節奏,並在日常中慢慢累積反思能力與成長經驗。

建立橫向連結,放大學習效益

在垂直式管理架構中,知識常常卡在某些部門或個人,難以擴散。要建立學習文化,不能只靠「上對下」的傳遞,更需要「橫向」的分享與對話。這種跨部門的交流,不僅能放大學習效益,也能促進不同觀點的碰撞,帶來更多創新可能。

主管可以設計一些簡單但有效的連結機制,例如每月舉辦一次內部分享會、設立跨部門實驗小組、建立失敗經驗交流平臺,甚至在日常群組中鼓勵轉貼閱讀資料與觀點。這些行動不需要大張旗鼓,只要持續,就能打破部門牆,讓知識流動起來。

橫向連結的另一個好處是降低學習壓力。與其從高層講授,不如讓同儕之間互相觀摩與學習,這樣的關係距離更近,也更容易產生實際行動。當組織內每個人都能說出「我最近跟誰學到了什麼」,才算真正有了學習文化。

長期累積,比短期激勵更重要

最後要提醒的是,學習文化的建立是一場長期工程,不可能靠一次活動、一次改革或一次總經理的宣示就到位。真

第五章　領導是陪跑：培養而不是取代

正有效的文化轉變來自於持續累積：日常的對話、可預期的制度、穩定的價值觀重複。

這代表主管不能急，不能只在季末要交成果時才談成長，也不能每年重來一套學習口號。相反地，是讓學習這件事在每一個決策、每一個評估、每一個對話中都有分量，讓員工知道：「在這個組織，學習不只是我個人的事，而是我們集體生存與進化的方式。」

當組織能夠穩定地提供學習的空間、肯定學習的努力、欣賞學習的過程，而不只是成果，那麼整個團隊的學習能量將會自然湧現，不用逼、不用喊，也不用勉強。那時候，文化就不是被推動的，而是自發成形的。

第九節　領導者要學會問出團隊的盲點

問對問題，比說對答案更關鍵

領導者的價值不在於什麼都懂、什麼都會，而是在關鍵時刻能提出讓團隊重新思考的問題。尤其在資訊高度擁擠、選項過度複雜的時代，太快下決定、太快定義問題，反而容易忽略本質，讓整體行動方向走偏。

真正有智慧的領導者，會問：「我們是不是問錯了問題？」而不是急著解題。他們知道，盲點不是因為能力不足，而是因為我們習慣性地忽略熟悉中的錯誤、重複套用過去的經驗，並假設對方理解的跟自己一樣。

這種盲點往往是「集體的」，也就是整個團隊都沒意識到的迷思。只有透過外部視角或深度提問，才能打破習以為常的假設，讓看不見的風險或遺漏浮出檯面。

領導者不能只問「進度」，更要問「假設」

大部分主管的會議問法都集中在進度：「事情做到哪裡了？」、「還缺什麼資源？」但這樣的提問，只會讓成員報告事實，而不會去反思背後的邏輯或假設基礎。久而久之，團隊只管往前衝，卻從不回頭看方向。

第五章　領導是陪跑：培養而不是取代

更有價值的問題是：「我們為什麼選這個方法？有沒有可能錯在一開始的假設？」、「目前的做法，最不確定的環節是哪裡？」、「如果失敗，最可能的原因會是什麼？」這類問題讓團隊暫停一下，把焦點從「做什麼」轉向「為什麼這樣做」。

領導者的任務不是掌控進度，而是保護決策品質。懂得在對的時間，提出挑戰性提問的主管，才能帶領團隊避開看不見的坑洞。

盲點不在資訊缺乏，而在視角不足

很多錯誤的決策，不是因為資料不夠，而是因為我們只從自己的角度理解問題。人類大腦有「確認偏誤」（confirmation bias）的傾向，會不自覺地找與自己觀點相符的證據，忽略異議或反例。當整個團隊成員背景相似、想法一致時，這種偏誤會被放大成組織盲點。

因此，領導者要刻意引入多元觀點。例如邀請不同部門參與討論、定期請外部顧問或夥伴提問、甚至在團隊中扮演「提異議」的角色。這不是唱反調，而是避免「團體迷思」（groupthink）導致的判斷失誤。

當主管能創造一個允許多元討論、鼓勵挑戰假設的空間，團隊才有機會發現自身看漏的盲點，讓決策過程更全面、更謹慎，也更貼近現實脈動。

問盲點，需要情境感知與信任基礎

不是每一個問題都能被順利提出，問盲點這件事尤其敏感。因為這些問題常常涉及否定現有做法、質疑高層決策或挑戰慣性邏輯。若沒有足夠的情境判斷力與關係基礎，這些提問可能會被視為「找麻煩」、「不尊重」或「唱反調」。

因此，領導者要懂得選時機、選語氣、選對象。不是在大庭廣眾下直接戳破，而是選擇在對方願意聽的時候，用開放語氣詢問：「你有沒有想過，如果我們的假設有一處錯了，會是哪裡？」或者「從別的角度看，這樣的做法有可能有哪些風險？」

同時，也要營造一種「問問題是有價值的」氛圍。讓團隊知道，提出疑問不是在挑戰權威，而是在保護成果。如果主管對每個問題都防衛、每次異議都當成批評，那麼沒有人敢指出盲點，組織就會陷入自我肯定的漩渦。

領導者自己也要有被問的勇氣

真正高明的領導者，不只是能問團隊的盲點，更願意讓自己被問。因為越在高位的人，越容易看不見自己決策中的盲點，越需要來自團隊的回饋與提醒。

這需要主管主動創造「反向提問」的機會。例如在會後問：「我剛才有哪裡講得不夠清楚？」、「如果你是我，你會怎

第五章　領導是陪跑：培養而不是取代

麼做？」甚至開放讓團隊針對決策邏輯提出質疑：「你們覺得這個方向有沒有可能我想錯了？」

當主管願意先示範脆弱、示範開放，整個組織才會真正開始學習如何誠實看待盲點。這不是一種示弱，而是一種智慧。因為真正的領導，不是把一切都看清楚，而是知道自己有什麼沒看見，並願意讓別人一起來補足。

第六章

領導要看人也看系統：別再用「人好」來決定升遷

第六章　領導要看人也看系統：別再用「人好」來決定升遷

第一節
「人品好」但不會帶人，怎麼辦？

好人不等於好主管

在許多組織中，升遷時常出現一個共識：「這個人很穩、很努力、人緣又好，應該可以當主管。」於是，我們在沒看清對方是否具備領導能力的情況下，就因為他「人不錯」而推他一把。但當他真正走上管理職位後，卻發現他不會帶人、不會分工、不敢面對衝突，最後團隊卡關，績效滑落，甚至影響整體士氣。

人品好，固然是當主管的重要基礎，但這只是條件之一，卻不是充分條件。管理是一種能力，不是一種人設。若只看品性與資歷，卻忽略是否具備領導潛能與帶人技巧，那麼我們其實是在用錯工具做判斷。

真正的好主管，不只是「對人好」，更是能夠讓團隊變好的那個人。他要能設定方向、分配資源、處理衝突、激勵成員，這些都是可以被訓練與觀察的行為，而不是靠印象去推測的性格。

我們為什麼會誤判？

「人品好」會讓人產生一種認知偏誤,心理學稱為「月暈效應」(halo effect)。當我們看到某人在某方面表現良好,就會不自覺地將其他面向也評價為正面。於是,一個工作認真、待人和氣的人,在我們心中就變成「應該也有能力帶人」、「應該能扛責任」。但事實上,這些能力彼此並不連動。

此外,組織也常因為「補償心理」而做出升遷決定,覺得「他這麼久沒升,應該給他一個機會」。這樣的想法出發點或許善意,但實際結果卻可能傷害團隊,也傷害那位被升遷者本人。他若沒有準備好,面對新角色會感到壓力、孤立甚至失落,最終產生職涯挫敗感。

因此,我們要能分清楚:「這個人值得尊敬」與「這個人適合當主管」是兩件事,不能混為一談。真正的升遷,應該是角色適配,而非人情回報。

升遷失敗,會產生什麼後果?

一旦把不適合當主管的人升上去,最直接的後果是團隊效率下降。因為他無法清楚設定目標、不會合理分工、處理衝突時態度猶疑,導致團隊內部溝通混亂、責任不清。久而久之,優秀成員會因挫折感而離開,留下的是習於配合與依賴的成員。

第六章　領導要看人也看系統：別再用「人好」來決定升遷

更嚴重的是，整個組織會傳遞出一個錯誤訊號：「升遷不是靠能力，而是靠資歷或人緣。」這會破壞人才激勵制度，讓有潛力的人懷疑努力是否有意義，導致整體動能下降。升錯人，不只是個人困境，更是系統風險。

這種情況要扭轉非常困難。因為一旦錯誤升遷之後，若無法適時調整，組織就必須花費更多力氣去「輔導」、設計「轉任」甚至處理「退場」，這些都比一開始就選對人更耗成本。

如何避免用「好人邏輯」升錯人？

首先，要建立清楚的主管任務輪廓，明確界定管理職應該具備哪些行為能力。不是問「這個人值不值得升」，而是問「這個人目前展現哪些管理潛能？還缺哪些能力？是否能補起來？」這樣的思維轉變，能幫助我們從情感評價轉向行為觀察。

其次，要設計可觀察的管理預備任務，例如：帶小型專案、負責跨部門協調、主持團隊會議等。從這些任務中，可以更具體地觀察一個人的決策模式、衝突處理能力與激勵風格，這些都是真實的管理力指標。

最後，也要引導團隊理解升遷的本質是「責任轉換」，不是「功勞補償」。這樣才能避免讓組織陷入「做人好就該被獎勵」的陷阱，而能真正讓合適的人站上合適的位置。

尊重個性,也要建立標準

不是每個人都適合當主管,這不是價值的高低,而是職涯的選擇。組織應該提供多元發展路徑,讓專業強但不擅管理的人也有成就感與報酬機會,而不是非得走入管理才能升遷。

同時,對於那些「人品好但還不會帶人」的員工,組織也可以設計「管理預備計畫」,給予時間與資源來學習。但前提是,這必須建立在行為可觀察、能力可成長的基礎上,而不是只因人好就放行。

當我們真正理解「人好」是優點但不是保證,並開始用明確標準來選人、培養人,那麼升遷就不再是一種模糊的情感傾向,而是組織前進的準繩。真正的好主管,不只是大家喜歡他,更是他能帶領大家一起變得更好。

第六章　領導要看人也看系統：別再用「人好」來決定升遷

第二節　升錯主管的代價比你想像的大

升錯人，不只是「沒帶好人」那麼簡單

多數人對升錯主管的理解，往往停留在「團隊績效不佳」或「氣氛不太對」的層次。然而，實際上，這個錯誤所引發的連鎖效應，遠比表面上來得深、來得廣，也來得久。升錯主管的代價，常常是一場系統性的隱性災難。

當一個不具備領導能力的人被賦予管理職責，團隊會在幾個月內出現混亂徵兆：員工不確定方向、任務分工模糊、彼此信任下滑，甚至出現高離職率。這些表現不一定會被立即歸因於主管無能，反而常被誤認為團隊成員不夠成熟、不願配合，導致組織錯判問題核心，甚至進一步處分無辜部屬。

更麻煩的是，這類主管為了掩飾管理缺陷，會下意識避免面對問題，選擇更多控制、更多干涉，甚至推責下屬，久而久之，整個團隊士氣低落、主動性萎縮，陷入一種「彼此都不信任，但誰也不敢離開」的惡性循環。

無形成本，最難估算也最難修復

升錯主管最大的風險，在於它創造的是一種「反學習文化」。原本願意主動學習的員工發現，提出想法沒被鼓勵、做

多反而被懷疑，進而選擇沉默。創新停滯、回饋中斷、錯誤被掩蓋，這些都是無形但致命的後果。

而當升錯人變成常態，組織會進一步失去人才信任：努力不被看見、標準模糊、升遷沒邏輯，會讓真正有潛力的員工選擇離開，留下的反而是那些習於迎合、對變化冷感的人。這不只是「失去幾個人」，而是「失去了未來的競爭力」。

此外，一個錯誤選拔的人才，可能還會在制度裡待上好幾年，進一步「複製出更多錯誤主管」，把問題擴散到下一個部門、下一個世代。這種惡性繁殖的狀態，會讓整體組織開始對「管理」這件事產生厭惡與不信任，成為企業發展最深的隱憂。

修正比預防更困難

許多組織在發現升錯主管後，會想用「輔導」、「回訓」、「內部教練」等方式進行修正。但現實是，除非升上去的人有強烈的自我覺察與學習動機，否則這些補救措施多半無法撼動其核心行為模式。

因為管理是一種高度情境化的行為，不是上完一門課就會改變。尤其在職位權力已經確立後，要讓一個人願意承認自己的不足，並且公開修正，幾乎是一種人格與文化的考驗。

第六章　領導要看人也看系統：別再用「人好」來決定升遷

相較之下，預防性的機制才是關鍵。這包括：升遷前的行為觀察、模擬任務試煉、潛能評估、同儕與部屬回饋，這些機制看似繁瑣，卻能大幅降低錯選的機率。正如醫療界強調「預防勝於治療」，在人才任用上，更是如此。

升錯人是組織系統的回饋訊號

與其單純責怪某個主管「不適任」，更重要的是回過頭檢視：我們是怎麼讓這樣的決定發生的？是制度沒有設計出適當的選才機制？是升遷壓力過大導致倉促決策？還是主管層缺乏足夠的行為觀察訓練？

升錯主管不只是個人問題，而是組織系統的反映。如果我們在每一次錯誤中，無法重新校正制度與判準，那麼同樣的問題就會不斷重演。這才是真正需要警惕的地方。

一個成熟的組織，會把升錯主管當成一次學習機會，而不是一次推卸責任的對象。會願意面對問題背後的設計錯誤，而不是只處理表面的適任與否。這樣的反思，才能讓整個系統越來越好，而不只是一次次地換人了事。

預防的關鍵，在於「升遷」不再是禮物，而是責任

升遷常被視為一種獎賞，是對努力者的肯定；但當我們用這種邏輯來任命主管，升遷就會變成一場情緒交換，而

非組織判斷。真正穩健的組織,應該將升遷視為「能力的驗證」、「責任的加重」,並且設計出一套機制來確保升上去的人,真的能扛起這份職責。

這套機制不是要變得更苛刻,而是更精準、更透明、更有學習性。包括讓升遷者知道自己被期待的具體能力與行為,也讓他清楚未來的挑戰與資源是什麼。這樣的升遷,不是單純的獎勵,而是成熟職涯的轉捩點。

升錯主管的代價,不是失去一個好人,而是失去了整個系統對「好主管」的定義準繩。唯有我們從制度開始修,從標準開始談,從過往錯誤中真正學會改進,才能不再讓同樣的代價,一錯再錯。

第六章　領導要看人也看系統：別再用「人好」來決定升遷

第三節　為什麼看錯人？六種選人錯覺

不是沒人才，而是我們看錯了人

許多主管在帶人時都曾經有這樣的疑問：「當初明明覺得這個人很有潛力，怎麼升上來之後完全不是那回事？」又或者是：「這個人怎麼跟面談時的表現差那麼多？」這些情況，其實不是因為人才品質變差，而是我們在選才時掉進了常見的錯覺陷阱，誤把某些特質當成潛能，把短期表現誤認為長期實力。

要真正建立有效的選才制度，我們就必須釐清這些錯覺，才能避免一再「看走眼」，甚至錯過那些真正具有長期發展潛力的人。

錯覺一：表現好＝可以當主管

這是最常見也最直覺的錯誤聯想。當一個員工在執行工作上表現優異，我們常常自然推論他也適合帶領別人執行工作。但實際上，執行力與領導力是兩種完全不同的能力。

會做，不代表會教；做得快，也不等於會分工。若忽略了這些差異，就容易把一個超強執行者，放到一個不適合的位置上，反而毀掉他原本的優勢。

錯覺二：會說話＝有領導潛力

口條流利、善於表達的員工，容易在會議或面談中脫穎而出，也容易讓人產生「他很成熟」、「他能掌控場面」的印象。然而，真正的領導潛能需要更多層面：是否能聽、是否能整合意見、是否能穩住衝突現場。

有些人善於包裝、擅長自我展現，但實際行動力或抗壓性不足。若我們太依賴「能說」來判斷「能帶」，就容易被表象迷惑。

錯覺三：資歷久＝該輪到他了

當一個人在組織中待了很久，升遷的壓力常常不只是來自業績，而是來自情感與制度的回應：「他等很久了，不給他升，會不會太說不過去？」這種思維雖然人性，卻可能造成錯誤任用。

資歷可以代表穩定與忠誠，但不能代表能力的提升與角色適配。若我們把升遷當成「年資回饋」而非「潛能驗證」，就會讓組織慢慢失去發展的動能。

錯覺四：很乖＝值得信任

組織中總有一些人「從來不惹事、任勞任怨」，他們是團隊裡的潤滑劑，也很少出錯。這樣的人常常讓主管感到安

第六章　領導要看人也看系統：別再用「人好」來決定升遷

心，也因此在升遷時獲得青睞。

但「低風險」不代表「高效率」，更不代表「能夠主動承擔挑戰」。如果升遷的標準是「最不會出錯的人」，而不是「最能創造影響力的人」，那麼組織就會走向保守、失去創新與突破的能力。

錯覺五：以前是誰推薦的＝現在一定可靠

推薦制度在許多組織中扮演重要角色，但也容易出現「關係式升遷」的風險。有時候一個人因為曾在某位高階主管手下做事，被當作「嫡系」栽培，即使後續表現普通，也不易被重新評估。

這種推薦資產一旦不被檢視，就會產生錯誤連結：「某人以前表現好，所以現在一定沒問題」。但人才是動態的，適應力與成長性才是關鍵。如果選才只看過去的人脈信用，而忽略現在的行為表現，就會產生盲點。

錯覺六：我喜歡他＝他適合

這是最難避免、也最微妙的錯覺。每位主管都會有自己的偏好，這是自然的。但當我們在選才時讓個人喜好滲入太深，例如：「他跟我很合」、「我們價值觀接近」、「他讓我很放心」，就容易忽略客觀指標。

這種情感偏誤若不自覺控制,會讓選才過程失去公正性,也容易被團隊質疑制度不透明。更嚴重的是,當選的人出現問題,主管也難以抽離情緒做出適當處理。

建立「去偏誤」的選才制度

要避免選人錯覺,必須在制度設計上引入「多元觀察點」與「行為指標」。這包括:面談以外的測驗與任務模擬、跨部門觀察、匿名回饋系統等。唯有多元角度交叉驗證,才能看見真實而全面的人才面貌。

同時,也要培養主管的覺察力。讓每一位擁有任用權的主管都能學習行為觀察技巧、認識常見偏誤,才能真正提升選才品質,避免讓錯覺主導了關鍵決策。

看錯人,不是錯在那個人,而是錯在我們怎麼看。只有當我們學會看清自己眼光裡的盲點,才能真正找到適合的人,放對位置,發揮最大的效能。

第六章　領導要看人也看系統：別再用「人好」來決定升遷

第四節　組織的用人偏誤如何修正？

用人不是憑感覺，而是需要機制

在大多數組織裡，選才、升遷與任用往往深受主管個人經驗與直覺影響。雖然直覺在決策中有其價值，但若完全仰賴直覺，而沒有制度性的反思與校正機制，最終很容易讓錯誤的人被提拔、對的人被錯過，導致整體組織品質下滑。

行為科學指出，人在判斷他人能力時，容易受限於各種認知偏誤，如前述的暈輪效應、確認偏誤與可得性偏誤等。因此，建立一套能夠減少主觀錯誤的選人流程，不只是人資的責任，更是每位主管該有的基本功。

用人是一項高風險、高影響的決策，與其事後補救，不如從一開始就設計出能看得清、選得準的流程與文化。

修正偏誤的第一步：從「講印象」轉向「講行為」

多數主管在討論人才時，常出現這樣的語句：「我覺得他個性不錯」、「感覺他滿積極的」、「看起來有潛力」，這些描述聽起來熟悉，但其實缺乏行為依據，無法作為具體評估標準。

為了避免這類印象評價主導選才，組織應該推動「行為

導向觀察」的語言文化。也就是說，在評估人才時，主管需具體描述對方在什麼情境下、採取了什麼行為、帶來了什麼結果。像是：「他在上次跨部門專案中主動統整資訊，協助三個部門協調流程，讓專案準時完成。」這種描述才具有可討論性，也能避免流於主觀臆測。

當討論人才的語言轉向行為與成果，才能真正建立一套可被校準、可被訓練的評估標準。

修正偏誤的第二步：從「主管單點判斷」轉向「多方交叉觀察」

若任用決策只依賴一位主管的觀察，風險自然偏高。尤其是當主管本身對管理經驗不足、觀察角度有限、或情感偏好強烈時，很容易造成誤判。

因此，組織應導入多點觀察制度，例如：由不同部門同儕提供工作回饋、引入 360 度評估工具、安排跨部門合作觀察，甚至納入部屬的觀察意見。這不只是為了公平，也是為了看見候選人更多元的面向。

此外，在升遷會議或選才會議中，也應設有「偏誤提醒人」，專門協助辨識會議過程中的情緒性語言或過度簡化的推論，提升討論品質。

第六章　領導要看人也看系統：別再用「人好」來決定升遷

修正偏誤的第三步：建立「選後追蹤」制度

即便前期選才制度再嚴謹，也不可能保證百分之百正確。關鍵是選後要有追蹤與調整機制，才能真正累積組織的選才智慧。

這包括：每次升遷後三到六個月，進行管理適應性回顧；由上級主管、一線部屬與 HR 共同評估新任主管的實際表現，檢視當初評估是否有落差。這些資料不應僅用來懲處，而是作為系統學習的資源，回饋到選才資料庫中。

透過這樣的回顧制度，組織能不斷修正選才準則、微調觀察指標，讓每次用人決策都成為一次經驗累積，而不是賭運氣。

修正偏誤的第四步：強化「預備期」的養成設計

許多用人偏誤，是因為升遷與上任之間缺乏過渡期。當組織在宣布升遷後，立刻要求新任主管全權接手團隊，往往會讓對方在還沒準備好之前就承擔超出能力的挑戰，進而失敗。

因此，建議設計一段「管理預備期」，讓潛在主管先參與部分管理任務，例如：主持例會、進行任務分配、參與人員評估。在這段期間中，由資深主管或 HR 觀察其管理風格、判斷思維與回饋反應，並給予調整建議。

第四節　組織的用人偏誤如何修正？

這樣的預備期既是風險管理，也是培養管理成熟度的重要過程。更能讓被提拔者理解：管理不只是頭銜的轉換，而是思維與行為的升級。

用制度校準眼光，用回顧累積經驗

用人偏誤不可怕，可怕的是明知有偏誤卻不處理。真正成熟的組織，不是從不犯錯，而是能在錯中學、在錯中修，逐步建立出一套更具準確性與彈性的選人機制。

修正用人偏誤的關鍵不在於找出完美制度，而是在日常管理中持續提升覺察與反思的能力。當主管開始從「我覺得」轉向「我觀察到」、從「他應該可以」轉向「他曾經做到」，整個選才品質才會逐步上升。

用人是組織的根本，也是文化的縮影。當我們願意調整自己的偏見，也就在重塑一個更誠實、更有潛力的組織未來。

第六章　領導要看人也看系統：別再用「人好」來決定升遷

第五節　升遷制度怎麼設計才公平？

公平不是「人人有獎」，而是「人人明白」

在多數組織中，一提到升遷制度，常聽到兩種極端反應：一種是「看老闆心情」，另一種是「輪到誰誰就上」。前者讓人感到隨機與無力，後者讓人質疑制度是否只是形式。真正的公平，並不是讓每個人都升上去，而是讓每個人都清楚「升遷的遊戲規則是什麼」，並且相信這些規則是合理、透明且一致的。

心理學上提到「程序正義」（procedural justice）對組織公平感的影響極大。換句話說，當人們覺得制度運作的方式是正當的，即使結果不是自己受惠，也較容易接受與支持。這也說明了：與其討論誰升遷，組織更應該把重心放在「我們是怎麼決定升遷的」。

升遷制度要清楚：
標準是什麼？誰來判斷？怎麼進行？

要建立公平的升遷制度，第一步是明確定義「標準」。這不只是職位描述上的責任項目，更包括行為指標與能力模型。例如：「具備跨部門協作經驗」、「能有效引導部屬」、「在壓力下仍能穩定決策」等，這些都應具備可觀察、可討論的依據。

其次，是「誰來判斷」。如果評估者只有直屬主管一人，

容易產生偏差與情感干擾。較佳做法是設置「升遷評估小組」,由直屬主管、跨部門代表與人資共同參與,進行多角度評分與對話。

最後,是「怎麼進行」。升遷流程應有固定時程、標準流程與透明紀錄,並讓參與者知道:從提出申請到最後核定,中間有哪些環節,每一步是怎麼做的。這樣才能讓制度本身被信任,而不只是依賴人的判斷。

升遷不是對過去的獎賞,而是對未來的預測

許多組織在設計升遷制度時,會把過去的績效當作最主要甚至唯一依據。但升遷不只是看「他做了什麼」,更要看「他準備好做什麼」。也就是說,重點不是回顧,而是預測。

因此,除了績效資料,更應納入潛能評估:這個人是否具備持續學習能力?是否能在不確定中做出決策?是否能面對權責與壓力?這些特質可以透過模擬任務、情境測驗、團隊互動觀察等方式評估,不再只看報表或主管印象。

這樣的設計能讓升遷不只是論資排輩,而是「準備好的人先上」,也讓組織能夠提早發掘並培養接班人才。

提供「預備期」與「退出機制」,降低升錯風險

為了讓升遷制度更有彈性與保護性,可以設計「預備期」的過渡機制。也就是在正式升遷前,讓候選人先擔任代理主

第六章　領導要看人也看系統：別再用「人好」來決定升遷

管、專案負責人或協作領導等角色，觀察其適應狀況與管理能力。

這段期間應有明確目標與回饋制度，並由上級主管或人資進行輔導與評估。若表現符合期待，即可正式任命；若發現落差，則可安排回訓、延後或回復原職，不讓升錯的後果擴大。

此外，也要設計「退出機制」，讓不適任者能在保有尊嚴的情況下轉換職務或重新定位，而不是讓一個不適合的人長期卡位，造成團隊與個人的雙重傷害。

把升遷變成一場「選拔」而不是「回報」

當升遷被視為對努力者的回報，主管會陷入一種人情壓力：誰比較辛苦？誰等比較久？誰最沒意見？但當升遷被視為「選拔」，組織會更關心的是：「誰最能承擔未來挑戰？」

這樣的思維轉變，才能讓升遷制度從情緒主導變成策略導向。也能讓組織勇於做出艱難決定，例如：拒絕不適合者、提拔年輕但成熟的潛力股、安排必要的觀察與試煉。

公平的升遷制度不是要讓每個人都滿意，而是要讓每個人都知道：這裡的規則可以理解、可以預期，也可以學習。當制度可信，人才才會願意投入，組織也才能持續前行。

第六節　如何設計「升上去」的試煉？

升遷前的試煉，是一種責任校正

在許多組織中，升遷往往是一道「突然宣布」的程序：主管一聲令下、公告一發，員工隔天就從專員變主管。然而，角色改變的速度若快於能力發展，極可能讓新主管措手不及、組織承擔風險、團隊失去信任。

真正成熟的升遷制度，應該把「上任前的試煉」設計成為制度化歷程，目的不是刁難，而是幫助雙方確認準備程度。這些試煉能檢驗潛在主管是否具備關鍵能力，也能讓被選者在不具正式職權的情況下先嘗試角色，進行責任校正與風險前測。

比起一紙任命書，設計一場合適的升遷試煉，才是真正負責任的提拔方式。

試煉不是測專業，而是測帶人

升遷試煉的重點不是再次確認專業能力，而是評估是否具備帶人所需的行為模式。這包括：是否能明確設定目標、是否能進行合理分工、是否能給出具體回饋、是否能處理團隊矛盾與衝突、是否具備情緒穩定與抗壓性。

第六章　領導要看人也看系統：別再用「人好」來決定升遷

因此，試煉設計要聚焦在「人際互動情境」，例如：安排被提拔者主持跨部門會議、帶領團隊推動一項協作專案、指導一位後進員工完成挑戰任務等。這些活動不只要求技術判斷，更考驗其溝通風格、領導節奏與責任態度。

成功的主管，不是最聰明的人，而是最能讓他人一起前進的人。試煉的設計，應協助組織提前發現這一點。

試煉的過程，要有觀察與回饋

試煉不是一場獨角戲，而是應有觀察機制與對話機制。也就是說，被提拔者在執行過程中，應有一位或多位「觀察夥伴」（可為直屬主管、人資、橫向協作主管）負責記錄其行為反應、溝通方式與策略選擇。

觀察不必如同考核般嚴肅，而是以「學習性記錄」為導向，重點不在於打分數，而在於看見行為模式的成熟度。例如：是否傾聽？是否面對壓力時仍能理性應對？是否能引導團隊做出共識？

觀察後的回饋對話，更是不可缺少的部分。主管應與候選人一起討論：哪些表現可維持？哪些地方需調整？這不只是評估，而是啟動被提拔者自我領導意識的重要歷程。

第六節　如何設計「升上去」的試煉？

試煉時間不求長，但求真實

試煉不需要冗長，三至六週為一個合理區間。重要的是讓候選人接觸真實壓力情境，並在有限資源下做出實際選擇。這些壓力不需刻意設計，只需給予一個具體目標與責任團隊，自然就會產生溝通、調整與統整挑戰。

關鍵是：這些任務不能只是「協助」，而是「主導」。讓候選人真正站到第一線，做決策、負責任，才會浮現真實的領導反應。

在試煉期間，主管應該降低直接介入的頻率，讓對方真正感受到「這件事我扛得住嗎？我準備好了嗎？」而不是「我還是靠主管幫忙比較安全」。這樣的設計，才具備轉化動能。

試煉結束後，要有雙向決定權

升遷不是組織單方面的任命，也不該只是個人單向的追求。在經歷完整的試煉後，應該讓組織與候選人雙方都能進行一次公開對話：這段時間你觀察到自己哪裡適應得好？哪裡還不夠準備？你是否真的想擔任這樣的角色？

這段對話讓升遷不再只是「給不給」，而是「合不合」。也讓候選人理解：被提拔不是得到什麼，而是將承擔什麼。如果對方坦承還沒準備好，組織應給予空間，而非立刻否定或貼標籤。若對方願意承擔，也更有信心與方向去調整不足之處。

第六章　領導要看人也看系統：別再用「人好」來決定升遷

　　唯有把「升遷試煉」從形式轉向學習，把任命權從單向轉為雙向，升遷制度才會真正落實在人的成長，而不是流於權力轉移。這樣的設計，才能建立一種更健康、更有彈性的組織人才觀。

第七節　領導力潛能如何分級？

領導力不是天生，而是可以被辨識與分級的

在組織人才發展的歷程中，最常見的問題之一是：「我們到底怎麼知道誰有潛力成為主管？」許多主管常憑直覺挑人，結果要不是升錯人、要不就是錯過關鍵人才。這背後的核心問題是：我們缺乏一套明確的「潛能分級系統」，來協助辨識與培養未來的領導者。

其實，領導潛能是可以觀察的，也能根據不同成熟階段進行分類。透過分級，不只是為了評比，而是幫助組織找到合適的培養節奏與對應資源，讓人才不被過度高估，也不被過早淘汰。

領導力分級的核心原則：看行為，不猜性格

要建立有效的潛能分級，第一個原則就是：我們觀察的是行為，而不是性格。也就是說，我們不去猜對方是不是「有領袖氣質」，而是具體觀察他做過哪些行為、在什麼情境中表現出哪些模式。

行為可以被描述，也可以被記錄與回饋。例如：是否主動承擔責任？是否能在壓力下穩定決策？是否能協助他人協作與整合？這些具體表現，是領導潛能的真實訊號。

第六章　領導要看人也看系統：別再用「人好」來決定升遷

同時，分級不是為了貼標籤，而是為了建立客觀依據，讓我們知道「現在的他，在哪個階段？適合接受什麼挑戰？需要補足哪些能力？」這樣才能真正協助人才發展。

領導力潛能可分為四個階段

在實務經驗與研究基礎上，領導潛能可大致區分為以下四個階段，每一階段都可對應不同的行為特徵與培養重點：

第一級：自我管理型潛能者

這個階段的人擁有高度自律，能獨立完成任務，對時間、品質與責任具有基本掌握。他們在團隊中可能不特別顯眼，但工作穩定、值得信賴。

培養重點：鼓勵更多跨部門合作與溝通挑戰，觀察其是否具備協作潛能。

第二級：任務協作型潛能者

這類人除了自我管理良好，也展現出願意協助他人、主動整合資訊與流程的行為。他們擅長在小組中擔任橋梁角色，具備基本的影響力。

培養重點：給予小型專案領導任務，觀察其資源分配與團隊帶領能力。

第三級：團隊引導型潛能者

這些人能主動設定方向、規劃路徑並帶動他人前進。他們開始具備決策意識，能在模糊與壓力中持續帶領。

培養重點：安排跨部門挑戰、壓力情境模擬，觀察其穩定性與領導風格。

第四級：組織思維型潛能者

這一層級的潛能者已超越團隊執行，開始思考組織運作、策略調整與文化影響。他們會主動提出制度建議，並關注整體系統運行。

培養重點：納入高潛人才計畫，提供策略參與機會與高層對話場域。

分級之後，才能設計對應的養成節奏

建立潛能分級的目的不是分類，而是設計出對應的養成路徑。每一級的人才所需要的挑戰、資源、導師、學習方式都應有所區隔。

例如：對第一級潛能者，最重要的是建立自我效能與橫向協作經驗；對第三級潛能者，則應開始進入跨部門整合與領導風格的精練。這樣的設計才能讓每一位潛能者在合適的階段獲得恰當的刺激，而不至於提早放手也不會錯失成長時機。

此外,分級資料應每年更新,讓主管與 HR 能持續追蹤潛能者的發展曲線,並在適當時機進行再分類與再設計。

領導潛能的辨識,不只是制度工作,也是文化工程

組織要意識到:即使制度設計再精良,若沒有建立「發現潛能」的文化氛圍,這套系統也無法發揮作用。這意味著主管必須願意花時間觀察、願意培養尚未成熟的人才,也要願意接受「看走眼、再修正」的可能。

潛能是一種正在發生的過程,不是靜態的標籤。當整個組織願意把選人、育人、用人視為一體的責任,而非割裂的程序,那麼領導潛能分級就能發揮真正價值。

我們不是在找完美的主管,而是在創造一條讓潛能被看見、被鍛鍊、被實踐的通道。這才是永續領導力的根本。

第八節　如何建立領導力人才庫？

領導力人才庫，不是檔案櫃，而是活的發展系統

許多組織以為「建立人才庫」就是把潛力員工列一張清單，檔案整理好、分類完成，彷彿未來一有職缺，直接從裡面叫號即可。但真正有效的人才庫不是靜態名單，而是一套「動態發展系統」，能隨著組織需求與個人成長同步調整。

人才庫的本質，是一種準備機制，讓組織在未來需要主管、帶頭者或變革推動者時，能立刻找出「誰已具備一定成熟度，且可快速上手」。這項準備，靠的不是填表單，而是長期觀察、持續培育與系統連動。

建立人才庫的第一步：定義什麼是「可被培養的潛能」

不是每個表現好的人都適合放進人才庫，關鍵在於他是否具備「成長性」。也就是說，我們要辨識的不只是現在做得如何，而是未來能否持續進步。

可被培養的潛能通常包含幾項行為特徵：持續學習動機、開放接收回饋、願意承擔責任、能在變動中保有穩定表現。這些行為可透過日常任務、專案歷練與回饋記錄觀察而來，而非面談印象。

第六章　領導要看人也看系統：別再用「人好」來決定升遷

組織應制定清楚的選入標準，並避免過度寬鬆（讓人覺得人人都有）或過度嚴格（讓人覺得永遠進不去）。只要標準清晰、一致可說明，人才庫的信任度就會提升，也更具備管理彈性。

第二步：設計分層培育路徑，對應不同成熟度

人才庫的成員應根據成熟階段與潛能等級，規劃不同的養成節奏。例如：

- 初階潛能者：安排跨部門任務與協作型專案，提升橫向整合與溝通能力。
- 中階潛能者：提供策略簡報、代理主管、部門會議主持等實戰機會，提升領導實作經驗。
- 高階潛能者：納入決策討論、策略共創、甚至外部交流任務，培養全局視野與組織策略感。

這些分層任務需與原職責保持平衡，並安排教練、導師或 HR 顧問提供中途協助與回饋，避免資源投入後無成長成果。

第三步：建立動態更新與退出機制

真正有效的人才庫絕不是一旦進入就永遠掛名。組織應每年檢視一次人才庫成員，根據表現、潛能發展與個人意願進行調整。

對於表現停滯、學習意願不足或自我評估不符預期的成員，應有適切的退出機制，不作懲處處理，而是視為暫緩投入、重新養成。相反地，若某位非人才庫成員展現快速成長，也應可隨時納入。

這樣的設計才能讓人才庫真正保持活力，不淪為「榮譽名單」或「政治護身符」。HR 部門要負責制度維運，但每位主管也應擔任「推薦者」與「觀察者」的角色，共同維護資料的即時性與準確性。

第四步：
串聯升遷制度與職涯規劃，讓人才庫有出口

人才庫不能只是「儲備」而已，更重要的是要「接上軌道」。換句話說，應將人才庫成員與未來職缺、升遷節點、發展路徑進行匹配。

這包含設定「候補梯隊」，如部門主管、專案經理、策略助理等角色提前規劃接替者，並依據績效與潛能評估調整。也要與個人職涯對談結合，讓成員理解自己在組織中的潛在發展路線。

如此一來，人才庫不再只是人資部門的項目，而是變成一整套組織發展的中樞系統。人進得來、學得到、也出得去，才能建立真正具備推進力的領導梯隊。

第六章　領導要看人也看系統：別再用「人好」來決定升遷

領導力人才庫，是組織對未來的承諾

建立領導力人才庫，代表著組織願意投注資源在「還沒成為主管的人」身上，這不只是技術制度，更是一種文化立場。代表我們相信潛能、尊重養成、看重預備，也願意從現在起，為未來培養可能性。

這樣的組織會更有任用的信心、也更具備變革的彈性。因為它不是臨時找人，而是已經準備好「下一位領導者」。這種準備，不只是制度安排，更是價值選擇。

第九節　升遷不是獎賞，而是責任

升遷，是角色轉換，不是績效獎勵

在許多組織文化中，升遷常被視為對員工努力的肯定，甚至當作某種「功勞的回報」。但當升遷變成獎賞，主管與部屬對這個職務的理解也會出現偏差：升上去是為了更輕鬆、更有權、更體面，而非更多責任、更多風險與更艱難的選擇。

其實，升遷的本質應是一種角色轉換，是從「我負責完成任務」轉變為「我負責讓別人完成任務」，從「做好自己」變成「帶好別人」，也就是一種責任的放大，而非功勞的加碼。

當我們重新定位升遷的意義，才有可能建立一種對位的組織選才文化，也才能讓被提拔的人意識到：你不是被獎勵，而是被託付。

不把升遷當獎賞，是對個人也是對團隊的尊重

當組織用升遷獎勵績效，就容易將焦點放在「誰最努力」、「誰最久」、「誰最沒抱怨」，但這些標準與領導力是否匹配，往往無直接關聯。這樣的決策標準容易造成誤任，也讓團隊對制度產生質疑：到底是帶得好重要，還是做得多重要？

第六章　領導要看人也看系統：別再用「人好」來決定升遷

更重要的是，升錯人不只會害了那位員工本身（他可能無法勝任而感到挫敗），也會拖累整個團隊士氣。當團隊發現主管的升遷不是因為能力與潛能，而是因為「做人圓融」、「待得夠久」，會逐漸對組織失去信任。

因此，升遷若被當成獎賞，不但失去選才的專業性，也破壞整體公平感。升遷若被當成責任，組織才會願意謹慎評估與提前培育，而不是急就章地填補缺口。

▍責任思維，才能激發真正的領導動機

當升遷被定位為責任，而非升官發財的捷徑，人才本身會更認真思考：我是否準備好？我想承擔這個位置的意義嗎？這樣的提問能讓真正具備內在動機的人浮現出來。

相反地，如果升遷只是為了薪資、頭銜或形象提升，候選人即便接受，也可能缺乏真正的領導意願。一旦遇到挑戰、壓力或團隊矛盾，這些人更容易選擇逃避、推責，甚至內耗。

唯有從一開始就讓候選人知道：升上去不是「你的努力被看見」，而是「你是否願意承擔一群人的未來」，才能讓這份角色產生真誠與敬意，而不只是操作與應付。

制度上，要把升遷設計成「職責承擔流程」

如何讓升遷從獎賞思維轉向責任導向？關鍵在於制度設計。我們可以透過以下幾種方式實現轉變：

1. 升遷說明會

讓候選人清楚理解新職責內容與挑戰，不再只有喜訊與祝賀，而是具體責任與角色轉換提醒。

2. 升遷承諾對談

由高層主管與候選人進行一對一對話，討論「你想怎麼帶人」、「你覺得自己準備好了嗎？」

3. 領導責任契約

升任前簽署簡要責任承諾，明確表達對團隊的帶領責任，建立角色自覺。

這些設計不需過度形式化，但必須明確傳遞一個訊息：升遷是一個帶有責任轉移的歷程，不只是人事公告的變化。

組織升遷觀，決定了團隊未來的品質

一個組織如何看待升遷，會深刻影響整體人才觀與文化走向。如果升遷是對誰「最聽話」或「最久沒升」的獎勵，那麼組織將走向保守、僵化，人才流動只會表層旋轉。

第六章　領導要看人也看系統：別再用「人好」來決定升遷

　　但如果升遷是一種責任的傳遞，是一種角色的進化，那麼組織就會開始聚焦於潛能、養成與承擔的成熟度。這樣的文化，才會真正孕育出願意帶人、勇於負責、能夠轉化的領導者。

　　升遷從來都不該是「給誰一個交代」，而是「為整個團隊交出一個負責任的答案」。當我們開始用這樣的眼光挑選與培養主管，我們就會發現：領導不是上臺的權利，而是背後默默的義務與承擔。

第七章

領導的跨文化挑戰：
帶人，不只是看語言

第七章　領導的跨文化挑戰：帶人，不只是看語言

第一節　跨文化領導的基本迷思

看不見的文化，影響最深

許多企業在跨國擴展或多元市場經營時，都會面對一個相似難題：為什麼一套在本地行得通的管理方式，在海外卻屢屢碰壁？為什麼語言都通，但行為不合？這背後的關鍵往往不是管理技巧的問題，而是對文化差異缺乏敏感度與理解。

文化就像空氣，無所不在卻難以察覺。它深植於人們對權威的看法、對溝通的偏好、對工作節奏與個人角色的認知中。而當領導者忽略這些文化底層邏輯，只用自己的經驗套用到新情境中時，往往會誤以為是「團隊不夠努力」或「當地人才難帶」，實際上卻是自己的管理模式出了問題。

真正的跨文化領導，從來都不是靠「調整幾句話術」或「安排翻譯人員」就能解決，而是必須學會辨識、尊重、甚至整合彼此的文化期待與行為邏輯。

把「差異」當成「問題」，是第一個迷思

許多外派主管或跨文化團隊的領導者，在遇到行為差異時的第一反應是：「為什麼他們不照規矩來？」、「這樣太沒效率了吧？」這些語言背後隱含著一種隱性假設：我的方式才是標準，其他做法都是偏差。

這種單一標準心態會讓領導者錯過理解的機會，也讓團隊陷入防衛與對抗。文化差異本身不是問題，問題在於我們如何詮釋差異。將差異視為「可對話的差異性」而非「待改正的錯誤」，才能建立真正互信的文化基礎。

當領導者願意先放下判斷，從對方的文化邏輯理解行為動機，才有可能打開雙向調整的空間，創造出更有效的跨文化合作場域。

過度依賴語言與制度，而忽略文化邏輯

另一個常見迷思是誤以為「語言通」就等於「理解了」。但事實上，在跨文化情境中，即使雙方都說英語，所理解的語意與期待可能完全不同。

例如：「我們再討論一下」在亞洲語境中可能代表「有保留、還沒答應」，但在歐美文化中卻常被理解為「已大致接受，只待細節確定」。這些隱性的文化解碼，若不被察覺，就會在溝通中產生誤會甚至衝突。

此外，制度雖然能統一流程，但無法統一人心。若只靠制度推動管理，卻未處理背後的文化認知與信任建立，制度很容易淪為形式，或在實作中被扭曲。

真正的跨文化領導，必須同時關照結構與文化，不能只靠條文治理，而要透過對文化的理解創造出合適的領導方式。

第七章　領導的跨文化挑戰：帶人，不只是看語言

單向輸出，而不是雙向適應

許多總部派駐的主管，習慣以「總公司標準」或「母文化成功經驗」來要求在地團隊配合，認為這樣才能「一致、有效」。但這樣的單向輸出心態，常常讓在地員工感到被壓迫、失去參與感，進而出現被動抵抗或假性服從。

一個健康的跨文化領導模式，應該是「雙向適應」：領導者願意調整溝通風格、管理節奏與參與方式，同時也引導在地團隊理解企業核心價值與工作邏輯，雙方在互相靠近中建立共識。

這種雙向調整不是放棄標準，而是從文化中尋找能共同承載標準的語言與行動方式，才能讓團隊真正內化與執行。

領導者的文化意識，是組織跨國成功的起點

跨文化領導能否成功，不在於你會幾種語言、懂多少習俗，而在於你是否願意去理解「別人如何看待領導」。

文化意識是一種領導素養，它不是一堂課學來的，而是在每一次衝突、誤會與溝通中，慢慢建立起來的觀察力與同理心。

當領導者願意不預設立場地問：「這樣的反應背後可能是什麼文化邏輯？」、「如果我是當地員工，我會怎麼看待這個決策？」那麼他就開始具備了真正的跨文化領導力。

在全球化與多元化並存的時代，能跨越文化、引導差異並建立信任的領導者，將成為組織最無可取代的資產。

第二節
為何你以為的溝通，他們卻不接受？

語言一致，不等於意圖一致

在跨文化溝通中，最容易出現的誤會之一，就是雙方都說著同一種語言，卻完全誤解對方的意圖。許多跨國主管在與不同文化背景的團隊互動時，會發現自己明明已經說清楚、解釋過甚至反覆確認，但對方的回應依然與預期差距甚大。這不是因為語言翻譯錯誤，而是文化解讀差異未被處理。

每一種文化都有其隱性的溝通規則，包括什麼可以說、什麼不能說、什麼話要怎麼說才算得體。當我們以自身文化中的直白、簡明或間接、含蓄等邏輯去理解別人的語句時，常會錯過背後真正的訊息與情緒。例如：有些文化重視避免衝突與冒犯，因此「我再考慮一下」其實已經是拒絕，而非保留；有些文化習慣直接指出問題，但在另一文化裡卻可能被視為攻擊性行為。

高語境文化與低語境文化的差距

人類學家愛德華・霍爾（Edward T. Hall）提出「高語境文化」（high-context culture）與「低語境文化」（low-context cul-

第七章　領導的跨文化挑戰：帶人，不只是看語言

ture）的區別，有助於理解這些溝通落差的根源。

在高語境文化中，如日本、臺灣、韓國等地，人們傾向於透過語氣、沉默、表情與上下文來傳遞訊息，講話常留餘地、用詞含蓄，重視聽者的領悟能力與人際和諧。在這樣的文化中，「話不說滿」是一種禮貌。

而在低語境文化中，如美國、德國、澳洲等地，人們重視語言的明確性與資訊透明，傾向把話講清楚、講滿，並認為溝通的目的就是「表達」與「完成任務」，而非維繫情感或回應關係的期待。

當高語境與低語境的溝通者相遇時，常出現「一方覺得對方太拐彎抹角，什麼都不講清楚」，另一方則認為「對方太直接、不懂留情面」。這種文化落差若未意識並處理，就會導致溝通斷裂與合作障礙。

沒有共識的「是」，比「不是」更危險

跨文化溝通中，最常見的陷阱之一是對方說「OK」或「Yes」，但實際上既沒理解，也不打算執行。這並非出於欺瞞，而是來自文化中的「和諧慣性」：為了維持表面一致與關係和諧，許多文化會傾向於先表示認同，避免當場反駁。

問題是，若領導者過度相信這些表面同意，沒有進一步確認理解層次與執行細節，就會導致預期與行動嚴重落差。

與其聽對方說「好」，不如多問：「你怎麼理解我們剛剛談的重點？你會怎麼安排第一步？」這樣才能真正確認雙方是否已達到實質共識。

不只講語言，更要翻譯思維

真正有效的跨文化溝通，不只是字面傳遞，而是思維與邏輯的翻譯。領導者在與不同文化背景的團隊成員互動時，應學會將自己的「溝通預設」放在一旁，改以提問、舉例與共建意義的方式，讓彼此慢慢校準理解座標。

這包含：避免過於抽象的說法（例如「要多主動」），而是具體描述什麼行為代表主動；避免單向講解，而是讓對方重新說出他的理解版本；建立「允許提問與修正」的安全感，讓成員願意指出疑問或差異。

在跨文化場域中，表達其實只是第一步，真正的挑戰在於：「你以為你說的，對方真的這樣理解了嗎？」

領導者的溝通，是文化轉譯的橋梁

跨文化溝通的關鍵，不在於學會多少語言，而在於能否成為彼此文化的「翻譯者」。這種翻譯不是單純語意，而是價值、邏輯與期待的轉換。

第七章　領導的跨文化挑戰：帶人，不只是看語言

　　領導者若能在不同文化中搭建理解橋梁，就能讓團隊成員不只是「聽懂」，而是真正「懂你在說什麼，懂為什麼要這樣做」。這樣的溝通，才有機會轉化為行動，也才能真正建立多元背景下的信任與合作。

　　跨文化領導不是一句口號，而是一連串細膩的觀察、調整與耐心確認。當你願意多問一句：「你怎麼理解這件事？」也許，就打開了真正對話的大門。

第三節　亞洲與歐美領導風格大不同

領導風格的文化底色截然不同

亞洲與歐美在領導風格上有著深層的文化差異，這些差異不僅體現在日常互動中，更深刻地影響到組織運作、決策方式與團隊關係。若領導者無法辨識並理解這些文化底色，將無法真正發揮影響力，甚至可能無意間破壞原有的信任基礎。

亞洲文化多屬高權力距離、高語境導向，強調階層、尊重、謙遜與關係維護。在這樣的文化中，主管多半被期待是「穩定秩序的父母式角色」，需展現關照、決斷與保護。而歐美文化，特別是美國、荷蘭、北歐等國，則偏向低權力距離與低語境，講求平等、直接與個人表達，主管更像是「啟發與引導的夥伴」。

這兩種文化形塑出的領導行為差異，不是誰優誰劣，而是背景不同、邏輯不同。若誤用一方的標準去評價另一方，往往會產生誤解與抗拒。

在亞洲，領導代表信任與照應

亞洲文化中的領導者，常被賦予類似「長兄長姐」或「家長」的角色。這意味著：下屬期望主管能夠預見風險、提前

第七章　領導的跨文化挑戰：帶人，不只是看語言

安排、保護團隊免於不確定性，並在重大決策上給出明確指引。

這也解釋了為何在亞洲職場中，「不輕易說出不同意見」、「等待明確指示」、「尊重資深權威」被視為禮貌與專業的一部分，而非缺乏主動性。若來自歐美的主管誤以為這是服從或無能，並要求「每個人都要主動挑戰與辯論」，可能會破壞原有秩序與安全感。

真正理解亞洲領導文化的人，會知道在這樣的情境中，影響力來自「先給穩定，再談創新」，從照應人心出發，逐步建立行動力，而不是急於推翻與改革。

在歐美，領導強調自主與參與

相較之下，歐美文化中對主管的期待更偏向「促進者」與「協作引導者」。主管的任務不是給答案，而是創造討論空間、釐清方向、賦能他人自己決定。下屬期待主管能夠傾聽、協商、尊重個人意見。

這也意味著：歐美團隊成員較不習慣「上對下的決定」，反而更喜歡有機會參與形成共識的過程。他們會主動發問、提出異議，甚至質疑決策，這不是挑戰權威，而是文化中「健康溝通」的一環。

若亞洲主管把這些行為視為「不尊重」、「不配合」,就可能導致管理上的誤判與關係破裂。相反地,若能尊重這種平等討論的文化,反而能更快獲得信任與支持。

「放權」在亞洲與歐美意義不同

一個在跨文化領導中常見的誤解,就是對「放權」的理解不一。在歐美文化中,放權意味著信任與授能,主管期待下屬主動承擔責任,失敗也能接受與共同學習。

但在亞洲文化中,「放權」有時會被解讀為「丟包」或「主管不願負責」。許多團隊成員會因為尚未確定期望與邊界,而選擇觀望甚至抗拒承擔。這不是能力問題,而是文化中對於「領導角色明確性」的需求未被滿足。

因此,若想在亞洲有效「放權」,需先建立清楚的期待框架與信任關係,讓成員感覺「即使我來做,主管也會支持與補位」。而在歐美,過度干預與細節指導反而會削弱團隊動力,讓成員感覺被管束與懷疑。

領導者要懂得切換「文化頻道」

真正優秀的跨文化領導者,不是只擁有一套領導模式,而是能根據文化場景調整行為、語言與節奏。他們知道在亞洲團隊前要先建立安全感與秩序感,在歐美團隊中則要展現

第七章　領導的跨文化挑戰：帶人，不只是看語言

開放與促進對話的能力。

這種「文化頻道切換力」不是偽裝，而是一種覺察與調適能力。它來自觀察、學習與錯誤中的體會，也來自對人性的尊重與文化多元的理解。

在多元文化共存、遠距與跨國協作成為日常的今日，能夠因地制宜、因人設計的領導者，才是組織真正無可取代的資產。

第四節　外派經理人最常失敗的三種方式

不是語言障礙，而是文化誤會

許多企業將優秀的本地主管派往海外時，常以為「業務強、語言通」就足夠應付異地挑戰，卻忽略了真正棘手的往往不是能力落差，而是文化誤會所造成的信任裂痕與領導失靈。

外派經理人若沒有調整心態與行為模式，很容易在短期內失去在地團隊的支持。這並非能力不足，而是錯估了文化轉譯的重要性。以下三種常見失敗方式，是跨文化領導中最需要被警覺與避免的陷阱。

失敗方式一：
複製總部管理模式，忽略當地文化邏輯

最常見的錯誤是「總部思維直送海外」。外派經理人往往試圖把母公司的流程、指標、制度與行為邏輯原封不動套用到當地，認為這樣才能保持一致性與控管效率。

然而，組織制度雖可複製，文化信任無法強推。若不理解在地員工的行為動機、價值觀與溝通風格，原本有效的制度在當地可能完全無法執行，甚至引發排斥。例如：在高語境文化中，過度強調 KPI 與績效監控，反而會被解讀為「不

第七章　領導的跨文化挑戰：帶人，不只是看語言

信任」與「冷漠管理」，讓員工選擇表面服從、實際抗拒。

外派領導者需明白：制度要適地調整，不能只輸出控制方式，還要學會聆聽、對話與文化轉譯，從「如何讓他們聽懂」，轉為「我怎麼先學懂他們的語境」。

失敗方式二：
未建立在地信任關係，直接進入管理角色

在陌生文化中，領導力不是憑職位而來，而是靠信任累積。一些外派經理人因總部授權或職位頭銜，自認擁有管理正當性，卻忽略了在地團隊未必因此認同與追隨。

特別是在強調人際關係與階層禮序的文化中，員工需要「先認識你這個人」之後，才願意接受你的指導與決策。若外派主管一開始就只專注任務推進、快速導入新流程，而沒有花時間建立人際連結與文化理解，往往會被視為「冷漠又高傲」，甚至招致消極抵抗。

建立信任的第一步，是參與在地節奏：傾聽、拜訪、共餐、參加當地活動，並尊重原有團隊的運作方式。當員工感受到被理解與接納，領導的話語才有真正的影響力。

失敗方式三：
回避衝突與困難對話，導致關係惡化

在跨文化情境中，領導者面對溝通摩擦、績效落差或文化誤解時，常因擔心冒犯或無從下手，而選擇沉默或放任。這種回避衝突的策略，短期看似保全關係，長期卻會導致問題累積，信任下降。

例如：當地主管不配合新制度，外派主管若只用電子郵件提醒、避談原因，會讓對方認為「你根本沒打算了解實情」；若部屬屢次錯誤但未被適當回饋，他可能覺得「你根本不在意我們團隊品質」。

跨文化領導需要的是「溫和但堅定的對話力」。也就是說，既要表達立場，也要留下理解空間；既要明確指引，也要允許回應。外派經理人必須學會用當地能接受的語氣與方式，說出關鍵問題，否則再多制度也無法彌補人際信任的斷裂。

領導不是輸出控制，而是引導理解

成功的外派經理人，不是那些把總部複製得最徹底的人，而是那些能在文化差異中建立共同語言、促進彼此理解的人。他們懂得「放下正確性」、「換位思考」、「放慢腳步」與「持續學習」。

第七章　領導的跨文化挑戰：帶人，不只是看語言

跨文化領導的難，不在於你要多會說話、多懂策略,而在於你是否願意走進一個未知世界，重新學習如何建立信任、如何與差異共處、如何用心說話。當這些能力逐漸成熟，你才會發現，帶領一個跨文化團隊，不只是管理一個部門，而是搭起兩種世界的橋梁。

第五節　如何選拔具備適應力的人？

適應力，是跨文化領導最被低估的關鍵能力

在跨文化領導與全球組織擴張中，許多企業在選人時往往過度強調專業技能、語言能力與過去績效，卻忽略了「適應力」這項關鍵卻難以量化的能力。真正能在不同文化背景下發揮影響力的主管，不一定是最懂策略的那一位，而是能快速調整、自我調適與理解他人文化邏輯的人。

所謂適應力，並不只是抗壓力，也不只是樂觀，而是一種「面對文化不熟悉、情境不明確與關係不穩定時，依然能保持行動與學習」的能力。這種能力不只在外派情境中重要，對於跨國協作、虛擬團隊與多元職場同樣關鍵。

什麼樣的人，具備文化適應力？

文化適應力不是單一特質，而是多重能力的組合。依據國際人力資源研究與實務經驗，可以從以下幾個面向進行觀察：

- 開放性：對不同價值觀與做事方式保持好奇與接納，而非立刻評斷與排斥。

第七章　領導的跨文化挑戰：帶人，不只是看語言

- 自我覺察：能夠理解自己的文化背景如何影響自己的行為與偏好，並調整表現方式以適應他人。
- 模糊容忍度：面對資訊不完全、情境不明確時，能保持穩定與靈活，而非焦躁與退縮。
- 關係敏感度：具備觀察他人反應、調整溝通語氣與方式的能力。
- 自我調節與恢復力：在文化衝擊或關係受挫後，能快速恢復並持續投入。

具備這些特質的人，未必在短時間內表現最突出，但卻常是組織長期成功的關鍵人才。

評估適應力，要從行為經驗而非問卷得分

許多企業在遴選外派人員或高潛人才時，仍習慣透過問卷或主管推薦來評估適應力，但這些方法容易流於主觀或片面。

更有效的方法是採用「行為式面談」（Behavioral Interview），聚焦在過去實際經驗。例如：

- 「請分享一次你在不熟悉的文化或組織環境中，如何建立人際關係的經驗？」
- 「曾經有哪一次，你在資訊不足的情況下還是要做決策？你是怎麼處理的？」

◆ 「描述一次你原本的方法在另一個團隊中行不通，你是如何調整的？」

這類問題能引導候選人說出具體行為與心態調整方式，比起自評量表更具可信度，也有助於了解對方是否具備文化學習的潛能。

設計選拔歷程，觀察「適應而非完美」

除了面談，企業也可設計「多元文化模擬任務」來觀察候選人的適應力。例如讓候選人參與跨部門、跨文化的小組討論，並觀察其在壓力下的語言調整、意見表達與協作方式。

選拔時不該只看誰最有想法、誰最會主導，而要觀察誰最能調整自己與成員互動、誰能用別人能接受的方式表達意見、誰在衝突中能平衡立場並持續推進任務。

適應力不是看起來最強勢，而是能在多元聲音中調出合適節奏的人。

適應力，是一種可被培養的資產

適應力並非天生，而是可以透過經驗設計與學習養成的能力。企業應將文化適應力納入領導發展計畫，包含：異文化情境模擬、跨部門合作任務、國際輪調機會、文化差異教育課程等。

第七章　領導的跨文化挑戰：帶人，不只是看語言

更重要的是，要創造允許錯誤與學習的文化氛圍。當組織鼓勵探索與調整，不把文化誤會視為無能或失敗，而是看作成長歷程的一部分，員工就更願意投入適應力的自我鍛鍊。

未來的領導力競爭，不在於誰最懂制度與技巧，而是誰最能跨越差異、串聯他人、理解與調整。而這一切的起點，就是我們在選人時是否看得見真正的「適應力」。

第六節　在不同文化裡學會換視角

領導不是輸出意志，而是重構觀點

在跨文化情境中，領導者若總是站在自己的文化習慣與組織邏輯出發，就容易在對話中產生誤解，在管理中遭遇抵抗。真正的跨文化領導力，不是如何讓對方接受我們的方式，而是能否學會在文化差異之中「換一種角度看事情」。

換視角，並不是妥協或放棄原則，而是一種能力：跳脫本位，理解對方所處的脈絡與感受，並從中尋找共同語言與行動可能。這樣的能力，正是跨文化領導中最稀缺卻最重要的關鍵素養。

從「我覺得不合理」到「他們為什麼這樣想？」

我們之所以難以換視角，常是因為過於習慣自己的工作邏輯、語言方式與價值排序。一旦他人表現出不同做法，就會直覺認定為「不專業」、「沒效率」、「太情緒化」，而不是好奇「他們背後在想什麼？」

舉例來說，當某些文化中的員工對主管的指令不立即回應，領導者很可能會認為對方不積極、缺乏責任感。但若換個角度思考：這是否出於文化中的尊重層級觀念、或是語境高的溝通慣性？

第七章　領導的跨文化挑戰：帶人，不只是看語言

一旦我們將「標準評價」暫時放下，轉而進入「理解脈絡」，就更能做出合適的回應，也更容易在文化交會處建立信任基礎。

建立視角轉換能力的三個練習

視角轉換不靠天分，而需刻意訓練。以下三種方法，有助於培養這項領導能力：

1. 文化角色扮演練習

在管理會議或教育訓練中，讓團隊成員以對方文化的思維方式處理問題，體會其中的思考模式與情感反應。

2. 多元觀點回顧法

每次重要對話或決策後，請自己與團隊回答：「如果我是對方，我會怎麼看這件事？」

3. 跨文化影子觀察

安排來自不同文化的同事共事，並在事後進行互評與觀察分享。這不只是合作，也是學習如何站在他者立場理解工作的訓練場。

這些方法不需一次到位，但可透過反覆練習，幫助領導者擴展思考維度，從原來的單向理解，進化成雙向調整。

領導者要敢問，也要敢讓團隊發問

視角轉換並非領導者一人的責任，它應該是一種團隊文化的累積。因此，領導者除了自己練習換視角，也要營造一種「可以問彼此為什麼」的環境。

許多文化誤會，其實是因為沒有人敢提問：為什麼我們這樣開會？為什麼你這樣回應？如果團隊有心理安全感，成員就能彼此釐清差異，進而主動校準語言與預期。

當一個團隊習慣了「多問一層」、「換個角度再看」的行為模式，跨文化的協作就不再是挑戰，而是一種共同進步的養分來源。

看見他者，也看見自己

學會切換視角的過程，不只是理解對方，更是重新認識自己。我們會在比較中發現自己的盲點，在共處中修正自己的慣性。這樣的修正，會讓我們的領導行為更加彈性，也讓我們更容易在全球化組織中生根發展。

切換視角，是一種成熟的領導習慣。它讓我們從「為什麼他們不懂」轉化為「我們還可以怎麼說、怎麼做」，也讓我們從「輸出標準」轉向「共建語言」。在這樣的領導文化裡，每一位成員都會更自在、更有尊嚴地參與組織，也更願意跟隨一位真正懂得理解差異的領導者。

第七章　領導的跨文化挑戰：帶人，不只是看語言

第七節　打造全球人才的關鍵三力

全球化時代，需要的不只是高手，而是適應者

在多元文化與虛實交錯的全球工作場域中，傳統的「專業力」雖然仍重要，但已不再足夠。組織真正需要的人才，是能夠在文化多樣、語言混雜與節奏各異的環境中，靈活思考、協作與引導的「全球適應型人才」。

這樣的人才，不是出身跨國企業、也不一定留學背景豐富，而是具備一組關鍵能力：能看見差異、理解差異，並在差異中建立連結。我們可以將這三項能力濃縮為「全球人才三力」：文化理解力、關係整合力與自我調適力。

第一力：文化理解力（Cultural Intelligence）

文化理解力指的是一個人對不同文化背後價值觀、行為模式與溝通語境的敏感度與解析能力。具備這項能力的人，不只知道差異「存在」，還能進一步知道「為什麼存在」，並懂得如何調整自己的反應與做法。

文化理解力不只是理論知識，而是實務上的覺察與應對。例如：知道在高語境文化中應避免過度直言、了解在某些文化中沉默是一種尊重，懂得區分「答應」與「認同」在語境中的差異。這些細膩的感受力，來自觀察、反思與經驗累積。

提升文化理解力的方法，包括：參與文化交流對話、閱讀多元文化敘事、觀察跨文化互動紀錄，並進行行為解碼練習。關鍵不是知道越多，而是能理解背後邏輯。

第二力：關係整合力（Collaborative Agility）

在全球工作場域中，成員來自不同國籍、時區、部門與文化背景。有效的協作不再只是「把任務完成」，而是「在分歧中建立共識，在不確定中維持信任」。這就是關係整合力的核心。

具備關係整合力的人，能夠主動建立橫向連結、辨識溝通落差、調整對話節奏，並在多元立場中找到行動交集。他們懂得「怎麼問」比「怎麼說」更重要，也理解「先建立關係，才有任務推進的空間」。

這種能力的培養需要時間與策略，包含：跨部門協作任務訓練、雙語會議主持模擬、多元觀點決策演練等方式。目的是讓人才在混合脈絡下，能持續有效地協作與引導他人。

第三力：自我調適力（Adaptive Resilience）

在不穩定、高變動與資訊過載的國際工作情境中，光有理解與協作還不夠，能否持續「內在穩定」與「外在應變」，才是全球人才能否長期發展的關鍵。

第七章　領導的跨文化挑戰：帶人，不只是看語言

自我調適力不只是抗壓，而是能夠面對文化衝擊時，不自我否定、不過度防衛，能保有學習彈性、情緒彈性與認知彈性。這包括在失敗中快速復原、在不熟悉中持續投入、在異議中保持開放。

提升這項能力的方式包括：正念練習、心理安全培育、文化衝擊模擬與跨文化情境中的反思寫作。企業亦可導入「適應力培養工作坊」，協助員工發展個人節奏與自我恢復機制。

三力結合，才是全球人才的真正底氣

全球化並不只是地域擴張，而是文化複雜度的全面提升。真正能在這樣的世界中發光發熱的人，不是最有資源的，而是最能理解他人、連結他人、調整自己的那群人。

當文化理解力、關係整合力與自我調適力三者結合，人才就不再只是「可以工作的人」，而是能夠「引導文化協作與信任建立的關鍵角色」。這樣的角色，無論在哪裡，都是組織最值得投資與信賴的未來。

第八節　領導者的文化敏感度怎麼養？

文化敏感度，不是知識，而是覺察

許多人以為只要讀過一些國際新聞、學會幾種文化禁忌，便算是具備「文化敏感度」。但事實上，文化敏感度更接近一種「心理覺察力」與「行為調整能力」，而非文化知識的堆疊。

它體現在領導者能否在異文化互動中快速察覺語氣變化、察言觀色、解讀沉默，並在自己出現誤解時快速反應、修正與修復。文化敏感度的養成，是一種持續進行的內化歷程，不是完成一門課就能具備的資格證書。

從觀察自己開始：我的偏見從哪來？

文化敏感度的第一步，不是去認識別人，而是要先認識自己。我們每個人都帶著特定文化框架與判斷傾向進入互動，若沒有對自己慣用語言、反應模式、判斷標準的覺察，就容易不自覺地用「自己的正常」去衡量別人的行為。

領導者應持續問自己：我為什麼覺得這樣的行為不禮貌？我是否預設了對方該如何回應我？我有沒有可能過度解讀或誤讀他人？這些自我檢視不但有助於降低誤判，也能讓自己在跨文化互動中展現出更高的同理與尊重。

第七章　領導的跨文化挑戰：帶人，不只是看語言

建立文化觀察習慣，不斷練習解碼

領導者若想提升文化敏感度，就要培養「文化觀察者」的習慣。這包括留意每次會議中語言節奏、沉默使用、眼神互動與表達習慣的差異，也包括記錄每次溝通成功或失敗的文化線索。

例如：當對方在會議中不直接表達意見，是因為不清楚內容，還是文化中避免公開衝突？當一位同事在信件結尾加上禮貌套語，是出於習慣、真誠，還是代表某種保留？這些細節都是文化訊號，越能解碼，越能做出準確回應。

可以透過「文化日誌」的方式記錄與反思，也可與同事進行「文化觀察對談」，互相提供觀察與新角度，讓自己不斷精進。

擁有雙語言雙文化的「轉譯力」

文化敏感度最終不只是感覺力，更是一種「轉譯能力」：能把一種文化的語言、行為邏輯，轉化為另一種文化可理解與接受的方式。這不是翻譯，而是橋接。

例如：當亞洲文化中的迂迴表達需要向歐美團隊解釋，領導者必須能將其意涵清晰拆解；反之，當歐美團隊的直接批評傳達至亞洲團隊時，也需重新詮釋為「合作中的調整建議」。

具備轉譯力的領導者，不只促進溝通，更能預防誤解、修補裂縫、提升信任。這項能力的培養，需要多次跨文化協作經驗與後設反思，以及對雙文化語境的熟悉。

第八節　領導者的文化敏感度怎麼養？

領導者要成為文化學習者，而非裁判者

文化敏感度的關鍵，不在於你知道多少文化細節，而是你是否持續把自己放在「學習者」的位置，而非「標準制定者」。

在面對文化差異時，若我們的第一反應是「為什麼他們不照規矩來？」，那麼溝通只會走向單向壓迫；但若第一反應是「他們這樣做的背後，可能是怎樣的思維邏輯？」，那麼互動就有了理解的可能。

文化敏感的領導，不是柔弱或退讓，而是一種成熟與智慧的展現。當你能帶著尊重、覺察與彈性進入每一次文化差異的交會，那麼你將成為團隊中最有價值的橋梁人物。

第七章　領導的跨文化挑戰：帶人，不只是看語言

第九節　國際組織中的文化協作地圖

全球協作，不只是會議連線，而是理解節奏與默契

在跨國企業與國際組織的運作現場中，文化差異早已不只是管理挑戰，更是日常合作的底層變數。當來自不同文化、語言與時區的成員需在同一專案中協作時，能否建立穩定的「文化協作地圖」，將直接決定團隊效率、信任與成果品質。

所謂「文化協作地圖」，指的是組織成員對於彼此行為、語言與決策風格的共識圖像。當這張地圖模糊或破碎時，團隊溝通會陷入誤會與挫敗；而當這張地圖清晰且被共享時，跨文化協作就能順利前行。

三種文化變項，決定協作默契

在文化協作中，最常影響互動的三大變項為：

1. 決策文化

不同文化對「決策該如何產生」有不同想像。有些文化重視共識決、循序漸進與集體參與（如日本、瑞典），而有些文化則偏好快速決定、強勢主導（如美國、法國）。

2. 溝通文化

包含語言直接程度、非語言訊號解讀、會議參與方式等。有些文化講究明示、清晰結論；有些則重視婉轉與情境理解。

3. 權力距離

有些文化中，上下層級清晰，期望主管主導與拍板（如韓國、墨西哥）；而另一些文化則偏好扁平結構，鼓勵挑戰權威與開放討論（如荷蘭、澳洲）。

了解這些差異，並在專案初期就揭示與對齊，是建立協作地圖的第一步。

文化協作地圖的建立步驟

建立一套有效的文化協作地圖，組織可從以下步驟著手：

1. 團隊文化對話

在專案啟動初期，安排成員分享各自過去的工作文化經驗與偏好，聚焦於「我習慣怎麼開會、怎麼給意見、怎麼做決定」。

2. 協作行為共識化

將常見行為進行分類，例如會議流程、Email 回覆時間、回饋方式，並共同討論：「我們這個團隊要採用什麼做法？」

3. 錯誤容忍機制

允許文化誤解發生,並建立「無責提問制度」,讓成員可以安心提問:「這個表達你是什麼意思?」、「我剛才是不是說得太直接了?」

4. 文化角色互補

刻意安排不同文化風格的成員分配至小組內部,透過交錯配置讓文化適應成為日常訓練,而非階段性挑戰。

這些做法不但降低誤解,也提升團隊對文化敏感的共同語言與操作習慣。

協作地圖,是動態調整的成果,不是一次完成

文化協作地圖不是固定流程,而是一種「動態共構歷程」。隨著專案進展、成員更替與關係變化,這張地圖也需不斷修正與更新。

領導者應定期安排團隊回顧與協作檢視,討論哪些溝通方式奏效、哪些誤會反覆出現、是否需調整流程或語言邏輯。這樣的「文化校正會議」能避免文化疲勞,提升合作韌性。

另外,企業也可建置「文化工作手冊」或「協作指引」,供新進或外部團隊快速理解合作方式,加速融入與信任建立。

領導者,是文化地圖的引導者與守門人

國際組織中的文化協作地圖能否發揮效用,關鍵在於領導者是否能扮演「地圖繪製者」與「文化引導人」的角色。

這意味著:你要有勇氣揭示文化差異、有能力處理文化張力,也要有智慧在衝突時說出那句:「讓我們來重新畫一下這張地圖。」

跨文化領導的終極功課,不是消除差異,而是創造能容納差異、並轉化為共同成果的系統。文化協作地圖,就是這張系統的起點,也是國際組織通往共識與韌性的關鍵基礎。

第七章　領導的跨文化挑戰：帶人，不只是看語言

第八章

領導者的心理功課：
穩定自己，才穩定團隊

第八章　領導者的心理功課：穩定自己，才穩定團隊

第一節　領導者情緒失控的代價有多大？

情緒失控，破壞的不只是當下氣氛

在快速變動與高度壓力的職場環境中，情緒穩定成為領導者必備的核心能力之一。許多人以為領導力等於決斷力、溝通力或影響力，卻忽略了最根本的基礎 —— 心理穩定。如果領導者自身情緒失控，其破壞力遠遠大於一個錯誤決策，甚至可能摧毀一個團隊的信任與士氣。

團隊反應：從預測氣氛到自我封閉

領導者情緒失控，最常見的後果不只是現場尷尬或氣氛冷場，更會導致員工長期不安、士氣低落與人才流失。當主管情緒反覆無常，團隊成員就會進入一種「情緒預測模式」：今天氣氛好可以講多一點，明天氣氛差就乾脆沉默。長此以往，團隊會學會自我封閉、減少主動、避免創新，形成所謂的「情緒勒索型文化」或「反應性生存模式」。

領導者情緒影響整體組織氣候

從心理學觀點來看，領導者若無法辨識與調整自己的情緒，就容易將內在壓力外化為責備、諷刺或漠視，而這些行為雖看似隨口一說，卻可能成為部屬長期的心理陰影。研究

顯示，主管的情緒表達方式會影響員工的心理安全感、工作投入與創造力，甚至對整體組織氣候造成長期影響。

情緒不穩，是一種組織風險

此外，情緒失控不只是個人問題，更是一種結構風險。一位情緒不穩定的領導者可能使整體組織決策流程變得衝動、缺乏一致性與方向感，導致部門之間的協作斷裂，進而影響公司整體運作效率與品牌形象。當領導的情緒起伏變成組織的運作變數，那麼風險就不再可控。

領導者的第一功課：穩定自己

因此，領導者的第一心理功課，就是建立對自身情緒的覺察與調節能力。這不代表要壓抑情緒或永遠表現平靜，而是能夠在情緒來臨時清楚辨識：「我此刻在生氣的，是事情還是人？」、「我選擇這樣表達，是為了紓壓還是為了解決問題？」

要達成這樣的自我覺察，可以透過以下幾種方式練習：

(1)情緒日記：每日簡短記錄自己曾出現強烈情緒的時刻，並回顧背後觸發來源與後續反應。

(2)呼吸與正念練習：在情緒升溫時，透過規律呼吸或短暫靜心，拉回注意力，降低衝動反應。

第八章　領導者的心理功課：穩定自己，才穩定團隊

(3)觸發點清單：辨識出最常讓自己情緒波動的情境，提前設計應對策略，而非每次都臨場處理。

(4)同理對話練習：學習站在對方立場回應問題，避免因情緒導致語言偏激或關係破裂。

領導者要理解：穩定自己，不是為了讓自己變得完美，而是為了讓團隊有依靠。有些人會說「我就是情緒化、真性情」，但真正的成熟不是壓抑情緒，而是知道情緒如何用得剛好，如何不讓它傷人。

在主管的位置上，每一次的情緒表達都不只是個人選擇，而是對整個團隊氛圍的塑造。當你願意從自己開始調整，就已經為團隊建立了一個心理安全的基石。

第二節
領導者要看得懂別人的非語言訊號

不只聽見語言,更要看見行為

在日常溝通中,我們習慣仰賴語言來傳遞訊息,但在實際的互動裡,真正關鍵的往往是那些沒說出口的部分。非語言訊號——包括眼神、肢體動作、語調、表情、姿勢與空間距離——往往比言語本身更誠實,也更能透露出對方真實的情緒與狀態。領導者若只聽字面,卻無法讀懂訊號,就容易誤判情勢,錯失溝通時機。

領導者觀察非語言訊號的能力,不僅關係到是否能有效辨識團隊狀態,更是建立信任與關係的第一步。懂得觀察,才懂得回應;看見情緒,才可能調節互動。

非語言訊號,是團隊情緒的晴雨表

當團隊氣氛開始緊張,成員可能不會明說,但會出現許多細微行為:眼神閃爍、姿勢僵硬、語調短促、會議中安靜異常或頻頻查看手機。這些都是非語言訊號,提醒領導者:情緒正在流動,壓力正在堆積。

領導者若忽略這些訊號,仍照常推進進度與要求表現,往往會讓團隊進一步封閉或失衡。相反地,若能敏銳察覺並

適時提出觀察,例如:「我注意到今天大家好像比較沉默,是有什麼卡關的地方嗎?」就可能打開一個重新連結與釐清的空間。

跨文化情境,更須敏銳對話背後的訊息

在跨文化領導中,非語言訊號的重要性更高。因語言可能有誤解、文化差異可能造成用詞不同,這時候更需要仰賴眼神、肢體、停頓與語調來進行「第二層溝通」。

例如:在某些文化中,直接拒絕被視為不禮貌,因此「我再想一想」可能就已經是拒絕訊號;在某些團隊中,點頭不一定代表同意,而可能只是表示「我在聽」。領導者若缺乏對這些文化語境下非語言行為的理解,便容易做出錯誤決策或錯估回應。

練習觀察,不等於猜測情緒

有些人認為觀察非語言訊號就是要去「解讀情緒」或「分析他人想法」,但事實上,觀察不是推論,更不是貼標籤。真正的觀察,是描述行為,不預設動機。例如:「你剛剛講話的時候聲音突然變小,這讓我有點好奇,你是有顧慮嗎?」

透過開放式提問與具體行為回饋,領導者不但可以釐清訊號的真意,也能建立安全的溝通場域。這樣的互動讓成員感受到被理解與關心,也更願意主動表達困難與情緒。

看見他人，也看見自己

非語言訊號不只是用來觀察他人，更是反思自身的鏡子。領導者自己在面對壓力時的肢體語言、眼神接觸與語調變化，也都會被團隊解讀與放大。

若一位領導者在面對挫折時總是低頭不語、語速加快，團隊就會自動進入防備狀態；反之，一位能夠在壓力下保持開放姿態、語調穩定的人，能為整個團隊創造安全的空間感。

當你願意用觀察去連結，而非用反應去否定，你就已經踏上建立心理安全感的領導之路。非語言訊號從來不只是小動作，而是一整套團隊心理氛圍的資訊網路。學會讀懂，才能真正帶領。

第八章　領導者的心理功課：穩定自己，才穩定團隊

第三節　團隊的動力其實是心理動能

團隊動能，不只是人數與工時的總和

在傳統管理觀中，團隊表現常被視為人力資源的投入結果，彷彿只要配置足夠人數、調度適當資源、明確分工與規範流程，績效自然會水到渠成。但現代組織心理學早已指出，團隊是否具有高效能，關鍵不在於外部結構的完備，而在於內部的「心理動能」是否充足。

所謂心理動能，指的是團隊成員在心理層面上的動力來源，包括目標認同、彼此信任、參與感、影響力與情緒狀態等心理變數。這些看不見的心理機制，實際上才是團隊是否能維持長期戰力與創造力的根本條件。

心理動能的缺口，常藏在細節裡

當一個團隊效率下滑、士氣低落或流動率升高時，許多管理者往往傾向從流程或人力安排下手，卻忽略了真正的問題可能是心理動能的耗損。像是：成員是否感受到自己的意見被重視？是否清楚理解自身工作與團隊目標之間的關聯？是否相信身邊的人會在關鍵時刻支持自己？

這些問題不容易量化，也不容易從報表看出端倪，但卻在日常互動中逐漸堆積，最終造成「看似正常、實則停滯」的

團隊狀態。若領導者缺乏對這些心理動能變數的敏感度,將無法對症下藥,只會不斷推動外在激勵,卻收效甚微。

五個心理元素,是團隊動力的核心引擎

要真正提升團隊的心理動能,領導者需要聚焦於以下五項心理元素:

(1) 目標內化感:團隊成員是否真心認同團隊目標,而不只是為了任務完成而動作。

(2) 關係信任感:彼此是否相信對方會為團隊整體利益行動,而不只是自保與競爭。

(3) 表達安全感:是否能自由表達不同意見與擔憂,而不擔心被否定或懲罰。

(4) 參與感與影響力:是否相信自己對團隊有貢獻、能改變進程,而不只是被安排或執行。

(5) 情緒回復力:面對失敗或衝突時,是否能快速恢復情緒,持續保持投入與連結。

這些心理元素若能被覺察、培育與維護,將形成團隊內部一種持久的動力循環,成員會因為感受到意義與連結,而自然產生動機與行動力。

第八章　領導者的心理功課：穩定自己，才穩定團隊

領導者要成為心理動能的點火者

領導者本身不必為團隊情緒負全部責任，但必須理解自己的行為會大幅影響團隊心理動能的生成。例如：當領導者願意公開承認自己的失誤，能夠容納成員的質疑與情緒，那麼整個團隊就更可能產生表達安全感；當領導者將團隊目標與個人價值進行連結，成員就更容易內化目標。

此外，團隊中的「影響力節點」也值得關注，這些成員不一定是職務上的主管，但往往是團隊氣氛的帶動者。領導者若能辨識並支持這些影響節點，就能加速心理動能的傳遞與擴散。

心理動能，是看不見但可以培養的資產

心理動能的好消息在於：它雖然無法像KPI那樣具體衡量，但卻可以透過設計與互動逐步養成。包含：定期一對一對話以掌握心理狀態、團隊儀式感建立（如週會、慶祝、儀式）、匿名回饋機制、心理安全工作坊等，都能強化團隊的心理底盤。

心理動能不是「加一點激勵話語」就能啟動的，而是來自領導者對人性的理解與日常互動的累積。當你開始不只問「事情做完了沒？」而是問「你現在的狀態怎麼樣？你覺得這件事有意義嗎？」這就是心理動能被點燃的開始。

真正高效的團隊，不是最努力的那群人，而是內心被點燃、彼此支持、願意共行的那群人。

第四節　面對挑戰，領導者該怎麼帶氣氛？

領導者帶氣氛，是心理影響力的展現

在組織面對外部壓力、內部挑戰或突發事件時，最容易動搖的不是制度，而是團隊氛圍。領導者的表現，無論是語言、表情、肢體語氣還是行為節奏，都會被團隊放大解讀，進而影響整體情緒場。因此，領導者要意識到，自己就是團隊氣氛的「主調者」——你的狀態會決定大家的狀態。

在不確定與壓力情境中，領導者不一定要扮演「強勢打氣者」，而是要成為穩定節奏、保有希望並展現理解的心理定錨角色。懂得帶氣氛的領導者，能夠讓團隊在不安中看見重整節奏的可能，這不只是說話的藝術，更是情緒引導的能力。

氣氛不是喊話，而是穩定節奏

許多領導者誤以為「帶氣氛」就是在開會時多鼓勵、多稱讚，或在危機時期打幾句雞湯式口號。但真正能影響人心的，不是話語的表層，而是節奏的穩定：當你自己仍能有條理地安排、溫和地表達、適時地調整，團隊便自然感受到「事情雖難，但還在掌控中」。

第八章　領導者的心理功課：穩定自己，才穩定團隊

氣氛的本質是節奏感，是你讓團隊相信「我們還可以一起前進」的節奏。這節奏來自於會議的頻率與方式、領導者回應問題的速度與態度、任務調整時是否帶有解釋與空間。這些「行為的節奏感」勝過「語言的鼓勵感」。

情緒的感染，是無聲的影響力

心理學研究早已指出，情緒具有高度感染力，特別是在組織中，權力地位越高者，其情緒越容易被團隊所內化。領導者若在高壓時期展現出恐慌、責備或焦躁，那麼團隊便會被這種情緒引導至高敏感、低信任的狀態；相反地，若能展現出即使不完美但願意承擔、願意聽、願意試的態度，團隊也會轉向合作與投入。

帶氣氛不是裝堅強，而是勇敢地展現「我知道我們不容易，但我會陪著你們一起走」。這種真誠而穩定的態度，是最能打動人心的心理支柱。

用行動設計氣氛，而非靠臨時發揮

領導者要明白，氣氛不是自然發生的，而是可以設計的。例如：在挑戰來臨前設立「節奏儀式」：每週固定的進度共識會議、每個段落完成後的成就提醒、即時肯定與情緒出口等，這些設計能幫助團隊維持心理動能。

第四節　面對挑戰，領導者該怎麼帶氣氛？

在壓力高峰時，安排「節奏緩衝」更為重要：減少不必要的臨時任務、提供情緒釋放空間、讓不同成員有發聲與互相支援的機會。這些舉措都是在為團隊的情緒場築一個能承接壓力的平臺。

領導氣氛，是一種影響的藝術

領導者帶氣氛的能力，不是表演出某種情緒，而是建立一種互信節奏。你不是去創造假的正能量，而是讓真實的困難中，仍有可以依靠的節奏、可以對話的空間、可以前行的動力。

當你開始從「我要怎麼說服大家」轉向「我要怎麼與大家一起穩住節奏」，你就真正進入了情緒領導的核心層次。這種氣氛，不靠喊話，也不是自動產生，而是來自你日復一日的陪伴與決定 —— 當挑戰來時，你用什麼方式站在大家面前。

第八章　領導者的心理功課：穩定自己，才穩定團隊

第五節　如何穩定軍心？不是靠喊話

軍心不穩，是團隊最深層的危機訊號

當組織面臨轉型、績效下滑、外部風險升高或內部衝突時，最先浮現的常常不是行動問題，而是情緒問題。軍心不穩，會導致團隊出現觀望心態、互信崩解、溝通斷裂，進一步影響行動效率與決策品質。領導者若試圖用高壓命令或激情喊話來壓制這些情緒，只會讓問題被壓抑、無法處理，甚至導致反彈更劇。

穩定軍心不是喊口號，更不是用鼓舞來掩蓋恐慌，而是建立一種可以說實話、可以面對現實、可以共擔挑戰的氛圍。這需要的是結構與情緒並進的設計，而不是情境性的激情表演。

軍心來自「可預期感」與「被看見感」

軍心不穩的核心，其實是人心感受不到穩定的節奏與連結的意義。當員工不知道下週會發生什麼事，不知道主管在想什麼，不知道自己的努力是否被看見時，就會自然退回自我保護模式，選擇少說話、少出力、少犯錯。

要重建軍心，領導者首先要給出「節奏的可預期性」——不一定是保證成功，但至少讓大家知道你會如期更

新進度、處理問題、給予方向。其次是讓團隊「被看見」：不只是績效指標，而是努力、情緒與脆弱都能被理解與接住。

情緒安撫不是安慰，而是陪伴與解釋

當人們處於不安中，最需要的不是一個強者來說「一切沒問題」，而是一個領導者能說：「我知道我們都擔心，但我們可以一起慢慢走。」穩定軍心不是給出肯定答案，而是讓人感受到「即使沒有答案，我們還在一起想辦法」。

這包括：開放提問時段、設立共創會議、允許情緒被表達、不懲罰誠實的疑問。這些機制會讓人知道，原來我的不安不是被否定的，而是可以被聽見、可以共處的。

穩定軍心，也是一種制度責任

除了情緒層面，制度面也需對齊。穩定軍心不只是心理引導，更是制度設計的責任。領導者應檢視當前是否存在制度焦慮點：評量方式是否公平？升遷規則是否透明？資訊是否對稱？回饋管道是否通暢？

這些制度若無法回應團隊的合理期待，就算領導者再穩，也無法讓軍心長期穩定。制度若能提供明確預期與公平支持，那麼心理的安全土壤才能長出集體的信任。

第八章　領導者的心理功課：穩定自己，才穩定團隊

軍心穩定，是心理與信任的總和

真正穩定軍心，不靠打雞血，也不靠說教，而是靠信任與節奏。當成員知道即使風雨交加，領導者也不會忽然改變標準、情緒爆炸或單方面決策，團隊自然會產生集體韌性。

穩定軍心的過程，是一場慢工細活的心理經營。不是要讓大家感覺一切都好，而是讓大家知道「就算不好，我們有方法一起撐過去」。這才是真正的穩定力來源，也是真正能面對挑戰的團隊核心。

第六節　團隊焦慮時，領導怎麼止血？

團隊焦慮，不會自己消失，只會慢慢蔓延

當組織面臨不確定情境、變革壓力或外部威脅時，團隊焦慮往往悄悄上升。這種焦慮不一定表現在激烈情緒上，反而可能以低回應、無動力、沉默應對的形式出現。許多領導者以為「只要時間久了就會好」，但事實上，若未即時處理，焦慮只會在組織中擴散成情緒瘟疫，造成更深層的信任危機與效率崩解。

焦慮是一種心理能量的失序狀態，成員無法聚焦、無法判斷風險、也無法看見未來，進而選擇「先自保再說」。此時，領導者的任務不是給答案，而是「先止血」：先處理情緒，再處理行動。

領導者的第一步：承認焦慮存在

面對團隊焦慮，最忌諱的反應是「沒事啦」、「這不是很正常嗎」、「其他人都沒說什麼」，這些語言會讓成員感到自己的情緒不被承認，進而選擇封閉與冷感。真正有效的做法是：主動點出異常氛圍，給出語言與場域，讓團隊知道「你有感覺，我有看到」。

第八章　領導者的心理功課：穩定自己，才穩定團隊

例如：「我注意到最近大家的討論變少，應該是感受到一些壓力。我們可以一起談談嗎？」這種語言是一種心理止血，它讓團隊從無聲壓抑中釋放出第一個通道，也為後續溝通鋪路。

止血不是解決問題，而是接住人心

在團隊焦慮高漲時，領導者若急於導入新策略或推動行動，往往只會加重焦慮。因為在心理還未安定的情況下，任何新資訊都可能被解讀為「加壓」、「甩鍋」或「逼迫」。真正的止血，是在行動前先建立安全：用理解與陪伴，暫時緩解失序。

具體作法包括：開設焦慮對話會議、設立匿名回饋箱、安排交叉支持小組、建立臨時情緒協助窗口等。這些做法的目的不是「解決所有問題」，而是讓團隊知道「我們允許現在的不安，也願意一起面對」。

領導者的穩定，是最有效的抗焦慮藥劑

在焦慮蔓延的團隊中，領導者的情緒穩定與反應節奏，是團隊成員最依賴的心理定錨。即使沒有答案、即使局勢不明，當領導者仍能有條理地回應、願意開放傾聽、不逃避對話，成員就能從中獲得「我們還有指標」的穩定感。

因此，領導者在此時更需強化自身的心理韌性與覺察能力，透過每日情緒檢視、與幕僚共同討論、設立回應節奏等方式，維持自我節奏。穩住自己，才有空間穩住團隊。

從止血到修復，是一段長期工程

止血只是第一步，真正要讓團隊從焦慮中重建，需要一系列制度與文化的支持。包含：資訊透明、角色明確、回應機制常態化、心理安全文化的養成等。這些不是一次性措施，而是持續實踐的結果。

領導者也需學習辨識焦慮訊號，建立早期預警系統——從請假頻率、會議氛圍、訊息互動、錯誤頻率等面向，捕捉情緒變化的蛛絲馬跡。因為焦慮不會自己消失，只會換個形式表現，只有持續覺察與修復，才能真正為團隊建立長期的心理免疫力。

第八章　領導者的心理功課：穩定自己，才穩定團隊

第七節　管理員工心理不等於管控情緒

管理心理，不是要控制他人反應

許多領導者在面對團隊情緒時，第一反應是「我要怎麼讓他們冷靜下來？」、「我要怎麼消除負面情緒？」這樣的心態，雖出自於好意，卻可能無形中轉變為控制欲，讓員工感受到被管控、被矯正，反而無法安心表達真實感受。

真正的心理管理，不是去壓抑或排除情緒，而是理解其來源、給予適當的空間、幫助員工找回自我調節的能力。當領導者把焦點從「讓他們別鬧情緒」轉向「幫他們建立復原力」，組織的情緒氛圍就會從壓迫轉為支持。

情緒不是問題，而是訊號

員工的情緒往往反映的是工作系統中的某些斷裂點：任務模糊、角色衝突、回饋失衡、認同缺口等。若領導者只看到表層情緒反應，而沒有去探究背後結構，那麼所謂的「情緒管理」就只是短期止痛，而非真正解方。

例如：一位長期焦躁的員工，可能並不是情緒不好，而是長期感受到不被信任或認可。這時若只是要求他「情緒穩定一點」，不僅無效，更會加深挫敗感。真正的管理，是要從情緒出發，進入系統，調整制度與互動方式。

第七節　管理員工心理不等於管控情緒

領導者要學會傾聽，而不是急著建議

在面對情緒困擾時，多數人期待的並不是立刻得到解法，而是被聽見與被理解。領導者若總是急於給建議、下結論，會讓員工覺得「我還沒說完你就要我收起來」，進而降低表達意願。

傾聽不是沉默不語，而是主動關注、重述重點、適時發問。這樣的溝通方式能幫助員工整理情緒，同時也讓領導者獲得更多真實訊息。當一個人覺得自己被理解時，情緒就已經開始穩定。

建立心理支持制度，而非事後安撫

管理員工心理，應該納入制度設計，而非等到爆炸時才處理。組織可以從多個面向設計支持機制：定期心理狀態調查、匿名意見箱、一對一反思時間、同儕支持小組等。這些制度的目的不是收集資料，而是創造一種「你可以有情緒，我們願意接住」的文化。

有制度的支持，能讓領導者不再孤軍奮戰，也讓員工知道「照顧心理健康」不是特例處理，而是組織日常運作的一部分。這樣的氛圍比任何一次即席談話更能穩定人心。

第八章　領導者的心理功課：穩定自己，才穩定團隊

領導者自己也需要心理資源

領導者必須認知到：你不是心理諮商師，你也不是不會累的人。面對團隊的心理壓力時，你也會感到疲憊、混亂、焦慮甚至無助。因此，真正的心理管理也包括你對自己的照顧與支持。

尋求專業協助、建立同儕對話圈、規律檢視自身狀態、設立自我調節機制，這些都不是脆弱的表現，而是成熟的標誌。當你能穩定自己，也更有餘裕接住別人。

管理心理，不是讓大家都沒情緒，而是讓情緒可以流動、被理解、被照顧，進而變成推動前進的能量。這才是現代領導者最關鍵的心理素養。

第八節　領導者自我調節策略

領導者不是超人,也需要覺察自己的界線

領導者在高壓與高責任的工作環境下,常被賦予「無所不能」的形象。然而,這種期待若未經檢視,容易讓領導者在壓力中陷入過度投入、自我忽略與情緒透支的危機。要穩定團隊,先要穩定自己;而穩定自己,第一步就是意識到自己並非不會累、不會慌、不會動搖的人。

自我調節,不是強迫自己冷靜,而是誠實面對內在狀態,並為自己建立可以調整、喘息與修復的空間。這樣的領導者,才能在關鍵時刻發揮真正的穩定力,而非在壓力下反而成為情緒源頭。

辨識內在訊號:壓力來臨的五種徵兆

許多領導者之所以失去調節能力,是因為無法辨識自己正在「過熱」。壓力不會自己說話,但會透過身體與心理發出訊號。以下五種徵兆,是常見的壓力提示:

- 注意力難以集中,反覆查看手機或對話無法延續
- 容易對小事發怒,情緒起伏大幅加劇
- 身體反應異常,例如失眠、肌肉緊繃、腸胃不適

第八章　領導者的心理功課：穩定自己，才穩定團隊

- 開始產生逃避念頭，不想與人互動或處理任務
- 對未來產生無力感與否定傾向

當這些訊號出現時，領導者需要不是「撐過去」，而是「暫停一下」。這樣的暫停不是軟弱，而是必要的修復動作。

三種實用的自我調節技術

面對高壓環境，領導者可透過以下三種方法幫助自己維持心理彈性：

1. 時間重組法

將每日安排分成「推進時間」與「修復時間」，後者包括散步、寫日記、靜坐或非任務型會談，避免整天處於高速運轉狀態。

2. 語言重建法

當內在開始出現負面自語時，刻意將語言轉換為「我還有空間處理」、「我不急著回應」、「我能找人一起處理」等自我安撫語句。

3. 關係支持法

建立 1～2 位可以傾訴與反思的對話對象，不一定是同事，但需具備信任基礎。定期進行情緒對話，可有效降低累積性的壓力。

第八節　領導者自我調節策略

這些方法看似簡單，卻能在關鍵時刻幫助領導者維持判斷力與行動力。

自我調節，也是一種文化示範

當領導者展現出「我會累、但我會處理」、「我會慌、但我願意求助」的態度時，無形中為團隊提供了範例：原來情緒不是該隱藏的，而是可以處理的。這種示範效果，遠比說教更具影響力。

組織中若能建立一種文化，讓自我調節不再被視為「不夠堅強」，而是一種成熟與責任，那麼員工也會更有勇氣正視自己的壓力，並學會健康表達與因應。

成為能長期帶隊的穩定核心

自我調節不是為了讓你變得冷靜，而是讓你有餘裕長期發揮影響力。領導者若總是在過熱狀態下作決策，不僅會扭曲判斷，也會讓團隊感受到緊張與不確定。

真正的領導，是能夠在高壓中持續思考、持續對話、持續連結的能力。這樣的穩定來自日常對自己的覺察與照顧——這不只是心理技巧，更是一種自我負責的領導態度。

第八章　領導者的心理功課：穩定自己，才穩定團隊

第九節
有心理安全感的團隊，才敢承擔壓力

心理安全感，是團隊面對壓力的第一道防線

在現代組織裡，壓力不是偶發事件，而是日常運作的一部分。無論是業績目標、專案截止、組織變革，或是外部競爭與內部調整，這些都會對團隊產生不同程度的壓力。但真正決定團隊能否承擔壓力、穩定前行的，不是壓力的強度，而是團隊成員是否擁有足夠的心理安全感。

心理安全感，指的是一種信念：我在這裡可以說出真話、提出疑問、承認錯誤，而不會被羞辱、貶低或懲罰。這樣的文化會讓人願意坦承壓力、主動求助、共同承擔，而不是壓抑、否認或逃避。

沒有安全感，壓力就會變成敵人

當心理安全感不足時，壓力不會促進行動，反而會轉化為恐懼與退縮。成員開始避免表達意見、害怕承認失誤、只做最低標準的事，甚至彼此猜忌與責難。

在這樣的氛圍中，任何風險或變化都被視為威脅而非機會，團隊也無法真正學習與進步。就算再多資源與制度，也無法激發出內在動機與合作潛力。

第九節　有心理安全感的團隊，才敢承擔壓力

領導者的語言與行為，是安全感的起點

建立心理安全感，不能只靠制度條文，而要從領導者的日常互動開始。當主管願意承認錯誤、接住情緒、鼓勵提問與回饋，就在無形中告訴團隊：在這裡表達真實是被允許的。

舉例來說：「你剛剛的觀點我沒想過，我想再理解一下」、「這件事我也不確定，我們一起想辦法」、「你的提醒很重要，謝謝你說出來」這些語句的背後，都是在形塑一種鼓勵開放表達的文化。

安全感需要制度支持，也需要持續經營

除了語言與態度，組織也應從制度面支持心理安全的建立。包含：常態性的匿名意見反映機制、團隊對話訓練、錯誤回顧會議、情緒釋放時段等，都能幫助成員降低壓力帶來的焦慮與防衛。

但這些制度不能淪為形式，而要與實際行動連動——若開放提問卻經常遭回絕、若鼓勵創新卻處處懲罰失敗，那麼成員很快就會選擇沉默與服從。

有安全感的團隊，才有真實的抗壓力

心理安全感並不意味著軟弱，而是一種成熟的內部韌性。真正有安全感的團隊，並不是沒有壓力，而是在壓力來

第八章　領導者的心理功課：穩定自己，才穩定團隊

臨時，能彼此協助、願意面對、持續學習。

當成員知道「我說錯話不會被笑」、「我卡關可以求助」、「我跌倒有人會扶我」時，就會有勇氣嘗試、學習與承擔。這樣的文化，比任何獎金與制度更能建立持久的執行力與創造力。

領導者若想打造一個真正能承壓、能反彈、能突圍的團隊，心理安全感就是第一個必須被打造的基礎結構。

第九節　有心理安全感的團隊，才敢承擔壓力

國家圖書館出版品預行編目資料

領導力不靠直覺，升遷決策中的高風險：從績效陷阱到勝任力模型，建立看得見的選才機制 / 藍迪 著 . -- 第一版 . -- 臺北市 : 財經錢線文化事業有限公司 , 2025.09
面 ； 公分
POD 版
ISBN 978-626-408-366-9(平裝)
1.CST: 管理者 2.CST: 企業領導
494.2   114011895

領導力不靠直覺，升遷決策中的高風險：從績效陷阱到勝任力模型，建立看得見的選才機制

作　　　者：藍迪
發　行　人：黃振庭
出　版　者：財經錢線文化事業有限公司
發　行　者：崧燁文化事業有限公司
E - m a i l：sonbookservice@gmail.com
粉　絲　頁：https://www.facebook.com/sonbookss/
網　　　址：https://sonbook.net/
地　　　址：台北市中正區重慶南路一段 61 號 8 樓
8F., No.61, Sec. 1, Chongqing S. Rd., Zhongzheng Dist., Taipei City 100, Taiwan
電　　　話：(02) 2370-3310　　傳　　　真：(02) 2388-1990
印　　　刷：京峯數位服務有限公司
律師顧問：廣華律師事務所 張珮琦律師

-版權聲明-

本書作者使用 AI 協作，若有其他相關權利及授權需求請與本公司聯繫。
未經書面許可，不可複製、發行。

定　　　價：390 元
發行日期：2025 年 09 月第一版
◎本書以 POD 印製